江西

家训家风

中共江西省纪律检查委员会
江西省监察委员会 编著

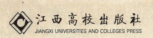
江西高校出版社
JIANGXI UNIVERSITIES AND COLLEGES PRESS

图书在版编目(CIP)数据

江西家训家风 / 中共江西省纪律检查委员会，江西省监察委员会编著. — 南昌：江西高校出版社，2020.3
ISBN 978-7-5493-9249-0

Ⅰ. ①江… Ⅱ. ①中… ②江… Ⅲ. ①家庭道德—江西 Ⅳ.①B823.1

中国版本图书馆 CIP 数据核字 (2019) 第 271685 号

出 版 发 行	江西高校出版社
社　　　址	江西省南昌市洪都北大道 96 号
总编室电话	(0791)88504319
销 售 电 话	(0791)88517295
网　　　址	www.juacp.com
印　　　刷	南昌市红星印刷有限公司
经　　　销	全国新华书店
开　　　本	700 mm × 1000 mm　1/16
印　　　张	18.25
字　　　数	270 千字
版　　　次	2020 年 3 月第 1 版
印　　　次	2020 年 3 月第 1 次印刷
书　　　号	ISBN 978-7-5493-9249-0
定　　　价	50.00 元

赣版权登字-07-2019-1053

《江西家训家风》编审委员会

主　任：孙新阳

副主任：潘东军　何　刚　魏晓奎　肖　良　叶仁苏

成　员：施新华　罗聪明　殷安全　李　伟　钟　阜

　　　　刘　健　邱少华　詹　斌　黄志繁　邓玉琼

习近平总书记指出："中华优秀传统文化是中华民族的精神命脉，是涵养社会主义核心价值观的重要源泉，也是我们在世界文化激荡中站稳脚跟的坚实根基。"

中华民族有着五千多年的文明历史，勤劳善良智慧的中国人，创造了光辉灿烂的文化。这样的优秀文化，如同强大基因，不仅让世界四大文明古国之一的中国独领风骚，而且代代传承赓续，把全世界的中华儿女紧紧地联结在了一起。

"家训"是中国传统文化的重要组成部分，它是家庭教育的各种文字记录，以其深厚的文化内涵、独特的文化形态折射出各个时代的社会风貌、人们的价值观和精神追求。它有着规范言行、陶冶情操、感化心灵、推动社会进步的作用。正是这些优秀的文化基因，潜移默化地影响着一代又一代人的人格理想、心理结构、风尚习俗和精神追求。这是我们中华民族特有的宝贵精神文化财富。

江西自古就有"人杰地灵"和"文章节义之邦"的美誉，这得益于这块土地上学风的鼎盛。据清光绪《江西通志·书院》记载，当时江西书院达五百多所，居全国前列。自科考制度设立以来，江西高中进士的超过了一万名，进士数量占全国进士总数的十分之一。文化的昌盛，推动社会的进步。历代贤达高士不仅注重办学兴学，还从自身成长过程中感悟到家庭教育的重要性，注重立言立德培养家风。中国四大贤母的故事家喻户晓：孟母三迁，择邻而居；陶母"截发筵宾""封坛退

《前言》

鲊";欧阳之母画荻教子;岳母刺字,激励岳飞精忠报国。其中,陶侃之母、欧阳修之母是江西人,岳飞之母葬在江西。历代的贤士高官、名门望族在其发展过程中形成的家训家风,不仅成就了一个家族,还影响了社会风气,成为推动文化进步的力量。

党的十八大以来,习近平总书记在不同场合多次谈到要"注重家庭、注重家教、注重家风",强调"家庭的前途命运同国家和民族的前途命运紧密相连"。中华民族自古以来就重视家庭、重视亲情。家和万事兴、天伦之乐、尊老爱幼、贤妻良母、相夫教子、勤俭持家等,都体现了中国人的这种观念。"慈母手中线,游子身上衣。临行密密缝,意恐迟迟归。谁言寸草心,报得三春晖。"唐代诗人孟郊的这首《游子吟》,生动表达了中国人深厚的家庭情结。家庭是社会的基本细胞,是人生的第一所学校。不论时代发生多大变化,不论生活格局发生多大变化,我们都要重视家庭建设,注重家庭、注重家教、注重家风,紧密结合培育和弘扬社会主义核心价值观,发扬光大中华民族传统家庭美德,促进家庭和睦,促进亲人相亲相爱,促进下一代健康成长,促进老年人老有所养,使千千万万个家庭成为国家发展、民族进步、社会和谐的重要基点。

进入中国特色社会主义新时代,以习近平同志为核心的党中央把全面从严治党纳入战略布局,一体推进不敢腐、不能腐、不想腐，推动全面从严治党、党风廉政建设和反腐败斗争向纵深发展，着力加强思想道德教育、党性教育，发展积极健康党内政治文化，筑牢党员干部拒腐防变思想堤坝；坚定文化自信，推动社会主义文化繁荣兴盛；着力弘扬社会主义核心价值观，大力加强社会公德、职业道德、家庭美德、个人品德建设，营造全社会崇德向善的浓厚氛围。

为了帮助广大党员、干部群众培养塑造良好家风，我们精选江西具有代表性的传统家规家训，着力讲好江西古代家风故事，策划编撰成《江西家训家风》一书，供大家学习。古代家训家风虽形成于封建社会，但其中健康进步的观点，如修身励志、廉洁自律、诚实守信、持家治学、敬业报国等，属于优秀传统文化的一部分，仍有着积极的借鉴意义。中央纪委国家监委网站曾先后刊载过我省陶氏（陶母、陶侃、陶渊明）、朱熹、胡铨等十多个家族的家训，这些家族的家训受到社会的广泛关注和好评。

本书素材由省纪委省监委和各设区市、县（市、区）纪委监委提供，由江西高校出版社组织省内专家、学者撰稿、编辑，前后历时近三年，数易其稿，编撰成书。特向为本书付出辛勤劳动的专家、学者，以及为本书提供大力支持与帮助的相关单位和同仁们表示诚挚的感谢！

《江西家训家风》编审委员会

2019 年 12 月

《前言》

目录

一门督抚

新建大塘程氏家族

程矞采

（？—1858），江西新建人。嘉庆进士。道光时官至湖广总督。谱名新胜，字蔼初，又字晴峰。道光二十三年（1843）与钦差大臣耆英同英国签订《中英五口通商章程》。二十九年（1849）实授云贵总督，平息腾越苗族与永昌彝族之间的仇杀。咸丰元年（1851）太平军进入湖南，奉命赴衡阳堵截，失败，被革职，遣戍新疆。

据有关记载，大塘汪山土库程氏家族人才辈出，特别是在清朝，仅嘉庆五年（1800）至宣统二年（1910）100多年间，那里出了举人21名、进士7名，遍布清朝各部各省的官员100余名，受封为"总督""尚书""一品夫人"的有十几位，成就了当时大塘程氏家族"一门三督抚，五里六翰林"的辉煌。清晚期湖广总督程矞采，江苏巡抚程焕采，安徽、浙江巡抚程楙采三兄弟即谓之"一门三督抚"。

俗语说"富不过三代"，然而，程氏族人于汪山土库聚族而居，逾百年，历经七八代长盛不衰。他们家族到底有着怎样不同凡响的治家良方呢？我们不妨沿着历史的印迹，走进汪山土库这座精神家园，感悟程氏家族的家风正气和悠悠过往。

程氏家族的家训主要是程楙采长子程鼎芬于光绪六年（1880）辑录而成的《程氏三世言行录》。该书记录了程矞采、程焕采、程楙采等兄弟及其父母、祖父母三代人教育训示子女的言论，大体分为修身、持家、处世、治学、理政五个方面，蕴含了"忠、孝、廉、节"等丰富的传统道德思想，体现了程氏家族对国家的忠孝、对理学的推崇和对自身修养与操守的要求，至今润泽子孙。

汪山土库程氏家训的特色主要体现在：

一是耕读传家、重教崇文。汪山土库程氏家

汪山土库程氏祖堂

族的崛起与教育密不可分，这个家族能够七八代长盛不衰，重视教育是一大秘诀。他们先是重视对子女的教育培养，逐渐发展到办私塾学堂，招生范围扩大到整个汪山村、大塘地区程姓子女。随后又组织"宾兴会"，并管理"北京新建会馆"，为新建县（今为新建区）举子进京科考提供资助和便利，创造了一个重教崇文、文风兴盛的大氛围。久而久之这便形成了传统，成为汪山土库程家兴旺发达、长盛不衰的动力源泉。

二是积善成德、和睦乡邻。新安程氏素有善德，始祖元谭公爱民如子，为百姓所爱戴。汪山土库始祖玉琭公自

家规家训

修身篇

弼卿公曰：心静为入德之门，几见轻扬浮躁人能深潜入理也？

又曰：心存切忌阴险。

——程鼎芬编《程氏三世言行录》

筠堂公曰：世俗见朴素人取笑为一身土气，此大谬也。土为万物之母，患不能有土气耳。

——程鼎芬编《程氏三世言行录》

憩棠公曰：人非才不能干事，然干事恃才傲物，亦招祸之尤也。

——程鼎芬编《程氏三世言行录》

筠堂公训孙辈曰："求己"二字一生受用，道德、学问、功名皆从此出。

又曰："不认错"三字最坏事……皆当切戒。

——程鼎芬编《程氏三世言行录》

迁居汪山村以来,辛勤劳作,略有积蓄,常常接济乡邻。后代秉承始祖遗风,乐善好施,以助人为乐事,深受乡邻爱戴。因在科甲上大获成功,汪山程氏的势力如日中天。然而,汪山程氏并未因骤得的富贵而仗势欺人,平易待人一同往日,以帮助乡邻为己任,并通过设义田义仓、赈灾济贫、修建堤坝等善举来提高整个大塘地区乃至新建县百姓的生活质量。

三是道德传世、理学名家。民间有谚语云:"道德传家,十代以上;耕读传家次之;诗书传家又次之;富贵传家,不过三代。"历代有许多历史悠久的宗族大姓,这些宗族大姓,几乎无一例外,都是道德高尚、文化领先之辈。汪山土库程氏以读书起家,亦以读书兴家,饱尝"鲤鱼跳龙门"甜头的程氏家族深知仅靠读书来维持家族兴旺还远远不够,道德传家要比耕读传家来得更为久远,望庐楼的厅柱联便有这样一句话:"至乐无过读书,至要莫如教子。"汪山土库程氏一边督促后辈勤奋读书,一边教导家族成员严守道德。"祖德宗功延世泽,光前裕后继风流。"汪山土库每间房的立柱上都有对联,无不是在教导族人做人做事的道理。所以程氏家风非常注重对子孙后代德行品行的培养,使其在任何时候都能够择善而从。

家族重要传承人物

■ **程焕采**(1787—1873),谱名新膛,字晓初,号霁亭,程矞采胞弟,南昌府学廪生,嘉庆十八年(1813)癸酉科优贡生,二十一年(1816)丙子科举人,二十五年(1820)庚辰科进士,改庶吉士,授翰林院编修,历任方略馆纂修、都察院湖广道监察御史,提掌河南道事务。

后提拔为湖南衡州府知府、湖北按察使,又改调湖南按察使,提升为江苏布政使,代理江苏巡抚,诰授通奉大夫。

同治十二年(1873),程焕采病逝于家中。

家规家训

持家篇

笏堂公训孙辈:物盛极必衰,吾家今盛极矣,可勿慎诸。

训孙鼎芬等:汝父贵为中丞,外人唯恐诱汝不动,汝此须留意,当思孔孟尚有人毁,我仍唯闻誉言,岂我真贤于孔孟耶? 如此一想,则凡誉我之言不攻自破矣。

——程鼎芬编《程氏三世言行录》

霁亭公(焕采)自撰联:己甘常悯先人苦;能俭犹防后世奢。

——程鼎芬编《程氏三世言行录》

不事人非,教子宜家;居乡为善,和邻睦族。

——程氏家规

处世篇

笏堂公曰:一曰要吃亏;二曰学吃亏;三曰吃得亏;四曰还不算吃亏。

——程鼎芬编《程氏三世言行录》

憩棠公训曰:富贵无常。今日我贵骄人,异日人贵亦骄我。势位之危,危于朝露,可慎哉!

——程鼎芬编《程氏三世言行录》

笏堂公曰:钱外圆而内方,故流行无滞。为人如钱庶寡过矣。

——程鼎芬编《程氏三世言行录》

治学篇

憩棠公训鼎芬曰:读书贵能经世,为学先戒自欺。

——程鼎芬编《程氏三世言行录》

理政篇

笏堂公训楸采曰:清、慎、勤三字为居官之要,然当清而不刻,慎而能断,勤而有恒。

——程鼎芬编《程氏三世言行录》

晴峰公曰:大其心,容天下之物;虚其心,受天下之善;平其心,论天下之事;潜其心,观天下之理;定其心,应天下之变。

——程鼎芬编《程氏三世言行录》

廉慎以持,敬业唯勤;修齐治平,兴邦利民。

——程氏家规

■ **程楙采**(1789—1843),谱名新曦,又名赞采,字憩棠,程裔采堂弟,新建县学廪生。嘉庆进士,授编修。道光二年(1822)授甘肃凉州知府。十四年(1834)擢山东按察使。十六年(1836)授安徽布政使,清厘节省至百余万。十九年(1839)授安徽巡抚。二十二年(1842)英舰驶全江宁(今南京),带兵防芜湖,募乡勇1400人,劝办团练。次年调浙江巡抚,未赴任卒于安庆。

家训家风故事

重视礼教

汪山土库程氏族人推崇程朱理学,不断强化礼教。程氏家族祖堂有4块2米见方的大匾额,分别写有朱熹手书拓本"忠、孝、廉、节"4个大字,教育子女对皇上与国家要忠,对长辈与父母要孝,当了官要清正廉洁,做普通人也要有气节。在望庐楼的家塾墙壁上也有"礼、义、廉、耻"4个大字。他们经常教育后辈敬老爱幼、文明礼貌。晚辈见到长辈,该拜的要拜,该作揖的要作揖,该如何称呼就如何称呼;长辈说话,晚辈不能插嘴;不能说脏话、粗话;吃饭时要先给长辈盛饭;进入女眷住房,先要在门外呼唤,房里人同意入内才可以进去;等等。此外,长辈对晚辈经常进行一些伦理道德、为人处世以及做学问方面的教育。

如笏堂公程达先就说:"一曰要吃亏;二曰学吃亏;三曰吃得亏;四曰还不算吃亏。"并且教训子孙:"惜福者添福;享福者减福。"

又说:"有势不可使尽,有福不可享尽,贫穷不可欺尽。使势、享福、欺人,本损德事,况乎尽乎?"此真富贵家药石之言。

又说:"'求己'二字一生受用,道德、学问、功名皆从此出。外精明而内深厚方为善行事者。"

程楙采从翰林院外调甘肃凉州任知府时,笏堂公程达先对儿子楙采嘱咐说:"清、慎、勤三字为居官之要,然当清而不刻,慎而能断,勤而有恒。"

笏堂公妻勒太夫人也说:"有仇不报真君子,有恩不报枉为人。"

憩棠公程梾采教育子女时说:"人非才不能干事,然干事恃才傲物,亦招祸之尤也。""读书贵能经世,为学先戒自欺。""富贵无常。今日我贵骄人,异日人贵亦骄我。势位之危,危于朝露,可慎哉! "

弼卿公训侄辈说:"心静为入德之门,几见轻扬浮躁人能深潜入理也? "

尊师重教

汪山土库程氏家族起初是农夫之家,程良樱是种田养鸭的,乾隆年间他让自己的儿子程启垣开始读书,但程启垣没有考取功名。两个孙子程楷、程达先也读了几年书,也没有考取功名。但他们没有气馁,觉得应当请最好的塾师教学。于是,他们请到大塘最有名望的程聘野先生来教馆。

程聘野,谱名逢莘,号学圃,程氏恭房人,住大塘街,一生以教书为业。他为人正直,博学多才,文品俱佳。有一年春,厚石裘村请聘野先生教馆,聘野用水车摇手驮着行李步行前往。当时,裘村是一个人文鼎盛、远近闻名的大村庄,已备酒席迎接聘野先生。当地绅士见先生一身农夫装束,步行而来,很是瞧不起。入席时仅随意招呼一声"先生上座",聘野毫不客气坐在首席。乡绅们更是不服气,其中一人提议,开席前请先生为学馆写对联,聘野亦不推辞,当即依村前景观,写道"笔插安峰写就乾坤锦绣,墨磨厚石读通古今文章",随后扬长而去。当地人这才知道聘野先生才学非凡,于是再三请他去教馆。但他不愿再去了。

当年,大塘有座规模宏大的朝阳庵落成,虽然当地文人众多,但还是请聘野先生为佛殿写楹联。他挥笔写就"无影树边叙话,没囊袋里安生"这副对联,文采与书法俱佳,所反映的社会观亦属可贵。聘野先生诗文远近闻名,省城附近的港口曹村曹秀先是清兵部尚书、大书法家,他家兴建花园,专请聘野先生题诗并刻在园中。

　　这一切,程乔采的父亲程楷看在眼里,记在心上,并经常送粮食给这位怀才不遇的聘野先生,帮助他渡过难关。待乔采到了入学年龄,程楷便正式请聘野先生教子。聘野先生于乾隆己酉年(1789)春收下程乔采作为他在汪山村的第一个学生,学馆设在人塘程氏祠堂。启垣公和两个儿子程楷、程达先也跟着上"短学",利用农闲时间读一至两个月;程乔采则上"长学",每年农历正月半开馆,到冬月才散馆。三年后,老二程焕采也入了私塾;老三程梿采有时也跟老大、老二去学馆玩,五岁时也入馆读书。聘野先生注重养成他们良好的品德和生活习惯,要他们学必要的礼节,像着衣、叉手、作揖、行路、视听,以及各种称谓等,同时识字、背书。教材是通行的"三、百、千、千",即《三字经》《百家姓》《千家诗》《千字文》,以及《教儿经》《童蒙须知》,等等。初步完成识字教育后,即开始读书。所谓"读",是读出声音来,强调熟读背诵。读的范围,首先是"三、百、千、千",还有《名贤集》《神童诗》《五言杂字》《七言杂字》,再就是"四书""五经"。四书先读《大学》《中庸》,后读《论语》,最后读《孟子》。

　　聘野先生对程乔采、程焕采、程梿采三兄弟的教导格外精心、严格,注重因材施教。梿采读启蒙读物《三字经》《千字文》时,焕采读《论语》,乔采就读《孟子》或《左传》。先生正襟危坐,三兄弟依次把书放在先生的桌上,侍立一旁,恭听先生圈点口哼。讲毕,命他们复述。然后各自回座位朗读。老三有些调皮,聘野先生经常打他的掌心教训他。当时的书没有标点,先生教读时,用朱红毛笔点一短句,领读一遍,他们跟着读一遍,到一完整句时,画一圈。这就是所谓句读之学。老师点句领读、学生跟读之后,学生自读,一遍又一遍,大约读一两个小时,然后学生到老师面前放下书,背转身来背诵。初读二三十个短句,学生很快读熟,能背诵。下次教读新书,多读二三十句,如仍旧能很快读熟、背诵,便再加一些。老三聪明,记忆力特好,每天读百句以上,也能背诵如流。

　　以上是初级阶段的学习内容。在此基础上就要开讲,讲朱熹的《四书章句集注》,读八股文选,再学写八股文。聘野先生因病过早逝世,他们兄弟痛失良师。

金榜题名

程氏后人凡考取功名(举人、进士)都要在祖堂挂块匾,在门前旗杆场上树杆旗,旗杆上还立有金鸡,寓于"金鸡报晓,功成名就"之意,这对考取者本人是表彰奖励,对整个家族子女也是一种激励。树立勤奋好学的榜样,培养爱国为民的志向。

老大程裔采、老二程焕采一贯读书用心,唯有老三从小非常顽皮,常常做恶作剧。相传,程氏三兄弟来到牛头山读书的第一天,程老三就唆教两位兄长一道各执工具,准备殴打先生,给先生来一个下马威。哪知,先生虽是文举人,武功也很高强,三人一齐拥上,却被先生迅速制服,并狠狠教训了一顿。打这之后,本就老实的老大、老二就更老老实实读书了,老三却仍然时有非常人所为。有一天,老三在山下偷了一只肥鹅,鹅的主人很快寻到书院,老三便用先生的长袍把鹅罩住,寻鹅人到处寻找,就是没有注意到先生长袍下会藏着鹅,这样楸采便巧妙地躲过了搜寻,美美地吃了鹅肉。还有一次,老三在山下偷了一只小黄牛,宰杀后,他把牛皮用墨汁染黑,傍晚,村民寻牛,见这里有杀牛的痕迹,认定老三杀了他的牛。老三说,你丢掉的是什么牛?村民说是黄牛。老三说,我杀的是黑牛,不信你看牛皮。村民一看,真的是黑牛皮,无话可说,只好下山了。

老三的父亲对老三在牛头山的行为非常恼火。这年花朝节(农历二月十二日),楸采的父亲派长工送去了一车竹鞭子,并带了一床被子去学堂,请先生严加管教楸采。他母亲心想,这次老三会重重受罚,由于心疼儿子,她选了一刀最好的腊肉,用油纸包好,悄悄地裹在被子里。但说来也怪,这时的老三已痛改前非,开始发奋读书了。他衣不解带,日夜攻读,送去的竹鞭自然也派不上用场。快到端午节,母亲派人把被子驮回家洗,谁知打开被子,看见里面烂掉了好大一块,那刀腊肉原封未动,但已变色发臭。这一年秋天,老三上京科考,果然喜登金榜。

人文地理

方位

大塘坪乡位于新建区东北部、赣江西岸，濒临鄱阳湖，距南昌45千米。

交通

京九铁路、昌铁公路从旁而过，南昌至汪山土库有137路公交车。西南20千米处有南昌昌北国际机场，新(祺周)汪(山)公路连接昌九高速公路。

历史

"塘"通"唐"，因唐代昌盛之地而得名大塘。

名人

大塘坪乡有"人文昌盛之地，文明礼仪之乡"的美誉，人才辈出，涌现出清朝进士程秉钧，民国政治家、教育家程天放，著名音乐家程懋筠，革命烈士程一惠、程一泉等大批名人。

风景

大塘坪乡自然风光秀美，人文资源丰富。大塘书屋、道院仙桥、南林乔木、赤冈牧唱、白马渔舟、冷溪古渡、极乐梵寺、大野仙营被誉为"大塘八景"；清代古建筑汪山土库宏伟壮观，被誉为"江南小朝廷"。

书香世家

新建胡氏家族

胡家玉

(1808 或 1810—1884 或 1886)，原名全玉，又称钰，字琢甫，号小蘧，晚号梦奥老人。道光十五年（1835）举人。道光二十一年（1841）中一甲第三名，赐进士及第，授翰林院编修。后任兵部侍郎、吏部侍郎、军机大臣、都察院左都御史，稽查京通十七仓大臣，赏戴花翎，经筵讲官，赐紫禁城骑马。胡家玉为江西籍的最后一位宰相。

胡氏先祖天龙公自幼好学，能诗善文，因家境贫寒，童年帮家人牧鸭。十一二岁时，在鄱阳湖之滨洲头放鸭，晌午饥肠辘辘，即戏吟诗曰："风微微，雨稀稀，肚中饥饿唯自知，本想回家吃碗饭，又恐鹞鹰叨鸭去。"成年后，他重操牧鸭旧业，开始行迹无定所，当觅鸭食于新建县（现为新建区）联圩乡（现为联圩镇）老屋墩时，一鸭每晚能生双黄蛋，遂搭棚定居下来。年复一年，夫妻和睦，克勤克俭，安居乐业，人丁兴旺。后来他大兴土木，建造土屋。至今老屋墩仍留有当年规模宏大工程之遗迹。

胡氏宗寅公，字益谦，因事晚出，见村前东南方约百米的一个小洲上，似有两盏灯笼熠熠生辉，他将此事告之家人，家人均认为此地乃吉祥之兆，小洲定属宝地，经阖族长者商定后，胡氏一族移迁至小洲建房居住。随着岁月的更替，胡氏族人男耕女织，丰衣足食。自此，后辈寒窗苦读之人才，如雨后春笋，层出不穷。

自清朝道光年间起，联圩乡治平洲胡家一门出了好几个进士，可谓是人才辈出。胡家玉是清道光二十一年（1841）的探花，早年家庭困难，得到"宾兴会"的资助才顺利考取进士。胡家玉曾任都察院左副都御史、兵部侍郎等职。他敢于为百姓申言，屡次上奏，多受挫折，但他尽力尽心，忠于职守，难能可贵。胡家玉的儿子胡湘林是光绪三年(1877)的进士,宣统元年(1909)任两广总督。胡家玉族孙胡藻是光绪二十九年(1903)的进士,后钦点翰林,授翰林院侍讲。

著名植物学家、教育学家胡先骕就是胡家玉曾孙。清王朝灭亡后,胡氏家族中有许多后裔成了学术泰斗和专业领域内的佼佼者,在各个行业续写着辉煌。据载,这个家族从民国至今,先后出了50多位博士。

那么胡氏家族如何由普通农家一跃成为书香世家,从此代有人才出的呢?或许从联圩镇治平洲胡家的家训家风中我们能找到答案。

胡氏家族的家训家风特色在于:

一、注重子女教育,舍得于教育束脩一事上花费;

二、注重孝悌,上敬老,下抚幼,人伦和,谨丧祭;

三、注重和睦乡邻,亲近宗族,强调共襄互助;

四、注重训诫族人,规范族人行为,强调禁盗窃、戒淫乱、惩强横、严讼端。

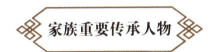

家族重要传承人物

■ **胡湘林**(1857—1925),又名湘霖,字撰甫,号竹泉。光绪元年(1875)举人,光绪三年(1877)进士,光绪二十一年(1895)任武英殿总纂,光绪二十三年(1897)任陕西同州府知府,光绪二十八年(1902)调补山西冀宁道,光绪二十九年(1903)为广东布政使,光绪三十三年(1907)及宣统元年(1909)两次奉命署理两广总督。

■ **胡藻**(1877—1907),字梦乡。光绪二十三年(1897)举人。光绪二十九年(1903)中进士,任翰林院侍讲。光绪三十一年(1905)赴日本,对日本的铁道和教育有深入的考察。

家规家训

家训十条

重国课。三壤定中邦之赋，夏后勒为成书。入家有公田之供，周官垂为定制。凡我宗支须知，任土作贡，天庾之正供维勤，毋令逋税罹身，暮夜之追呼不免。

谨丧祭。送死足当大事，故丧服有取于苫块。行事宜在质明，故祭礼致惕于霜露。凡我宗支须知，木本水源，古今断无二理，毋令终远跛倚，礼仪疏于一时。

敦孝弟。父母恩比乾坤，晨昏之定省当尽。兄弟谊同手足，伯仲之重簴宜吹。凡我宗支须知，犯上作乱，弊每滋于庭帏，毋令内则少仪，职稍懈于堂寝。

务诗书。经传为修齐之资，既宜寻求不已。子史悉见闻之助，尤贵探讨靡遗。凡我宗支须令束身庠序，取资益友名师，毋令甘心庸愚，下同豚儿犬子。

亲宗族。陈五宗以别祖弥，大传独详其文。掌三族以辨亲疏，宗伯不略其事。凡我宗支须知，葛苗本根之庇，物类自然，毋令尊卑一脉之传，隔膜相视。

睦乡邻。殷聘世朝秋官，既重行人之典，喜庆优吊，乡里亦循交接之常。凡我宗支须知，共井同乡乃能相友相助，毋令尔虞我诈，以致结怨结仇。

戒淫乱。肆淫定遭天诛，故王制必齐以入政。放乱难逃鬼责，故伊训必惩以三风。凡我宗支须知，贵德必先远色，事惟防于未然，毋令狗苟兼以蝇营，过反悔于既往。

禁盗窃。狗盗非君子之事，凉薄开于齐廷。鼠穷乃小人之行，法律严于司隶。凡我宗支须知，投钱饮马，仲山之廉洁堪师，毋令昼伏夜奔，盗跖之恶行是效。

惩强横。凶残逞虎视之威，蚕食诸姬者南楚。强梗肆鸱张之状，鲸吞六国者西秦。凡我宗支须知，倚势作威，易酿身家之祸，毋令好勇斗狠，以贻父母之忧。

严讼端。耕畔让而虞芮质成，风行西伯；屋墉穿而鼠雀争息，化感南方。凡我宗支须知，议狱缓死，仁人之宪典惟宽，毋令作奸犯科小人之智计百出。

家训家风故事

得到两朝皇帝嘉奖

清咸丰三年(1853),胡家玉请假回乡服母丧,当时正值太平军赖汉英部作战江西,围攻南昌。胡家玉以在籍官绅的身份参加了清朝江西地方政府组织的抵抗,帮助清军指挥作战。

在此期间,胡家玉为劝捐炮船款出了大力,因而受到了江西地方大吏的推崇。经当时的江西巡抚陈启迈疏请,胡家玉得到了咸丰皇帝的嘉奖,被提升为员外郎。

咸丰十一年(1861),胡家玉以刑部员外郎出任湖南乡试副考官、顺天乡试同考官。咸丰皇帝认为胡家玉处事勤勉,将他提拔为郎中。

此后,清政府虽平定了太平天国运动,但受农民起义猛烈冲击所导致的损失十分巨大,直至清同治十年(1871),经济仍未恢复,财政拮据、政令混乱的状况层出不穷。胡家玉目睹国家的艰难时局,提出了"一捐纳、谨厘金"及"核勇数、汰勇营"的主张。

所谓"一捐纳",就是集捐纳之权于中央,不允许地方督抚私下劝捐,而是统一由藩司收捐上兑、数额逐月汇报于朝廷,听候中央统一分配;所谓"谨厘金",是要整顿厘卡,清理厘员,严肃章程,"罢苛细之征,轻漏报之罚",这样可以推动地方经济的恢复和发展,保证财源的稳定;所谓"核勇数",是将军中虚报兵勇数、以少报多、图谋粮饷、损公肥私的毒瘤肃清,重新造册,对军中虚报兵勇数之事予以杜绝,严禁抗违;所谓"汰勇营",则是整顿军队,提炼精兵,大幅裁军,节约军饷,从而使户部减轻压力。

胡家玉的理财主张触及了问题的核心,得到了同治皇帝的肯定和赞许,并于同治十一年(1872)八月授其都察院左都御史及军机大臣,充经筵讲官。

推动创建北洋水师

清光绪五年(1879),胡家玉补为通政使司参议。此时,沉寂了5年的他已到古稀之年,但心中从未放下国家之事。

当时的清政府正面临着内忧外患,胡家玉深感"内寇虽平,然海疆未靖",海防日渐重要。为此,他上奏道:"……窃自咸丰以来,准各国通商以后,中外臣工莫不以自强为急务。设船厂,购机器,练洋枪队,习洋人语言文字,凡所以为自强计者,至周至密。而洋人仍敢任意要挟,妄生觊觎者,徒以我外洋无制胜之师,无制军之将,能守不能战也。"他指出,自咸丰皇帝以来,朝廷上下皆学习洋人之技以振兴经济,但列强仍肆意霸凌,究其根本是我们没有可与之抗衡的军队和武器,因此,当务之急是组建清政府自己的"海上威武之师"。

胡家玉在奏折中提出了四点建设性意见:一是"北洋宜设外洋水师也";二是"南洋宜设外洋水师也";三是"长江水师宜归总督统辖也";四是"福建船厂宜专造铁甲轮船也"。光绪皇帝阅览奏折后深表赞同,并非常重视。正是因为胡家玉的推动,北洋水师得以创建。

北洋水师

少年登科,终得大用

胡湘林为都察院左都御史胡家玉第四子,清咸丰七年(1857)出生,幼承庭训,通经史,光绪元年(1875)中举人,光绪三年(1877)登进士第,改翰林院庶吉士。其父作《湘林联捷志喜诗》:"泥金又报捷春闱,七十衰翁喜可知。拾芥科名何易易,簪花宴集且迟迟。豹因雾泽毛增润,鹏待风持翮不疲。恩榜相承恩最渥,惭无分寸答尧墀。"足见当时胡家玉的喜悦之情。

光绪二十七年(1901),胡湘林调补西安府知府。由于他二十岁钦点翰林,少年登科,不免狂傲,父亲死后频遭排挤。又因晋见上宪,执礼不恭,致使藩台有意参劾。所幸陕西巡抚乃其父之门生,为其缓颊,始免参劾。当时的陕西藩台曾经密令西安府属各县:行文时径达藩司,不经知府衙门。这也就等于是把胡湘林这个知府的权力给架空了。然而,胡湘林并不知道当中底细,还以为是当地民风淳朴,安分善良,他也就乐得清闲。但是每天坐在衙府内的他又觉得无所事事,便利用晚上的时间,穿着青衣小帽,在城内踱步而行,了解当地民俗风情、人文地理、历史古迹,以此打发时间,这也为他之后大胆应答慈禧太后埋下了伏笔。其时恰逢八国联军攻打北京,两宫西狩,逃走西安,仓皇之际,西太后(慈禧)问及西安城池是否坚固,百官皆以固若金汤告之,又问城池的长短、城垛数目,众官不知其详,不敢妄奏。胡湘林乃就其所知城池内容,从容奏报,西安城的城池长短、共有城垛几个,他都如数家珍,娓娓而言。西太后闻言嘉许,问及姓名,始知是胡家玉之子,当即责怪宰相王文昭用人不当,致其母子避难蒙尘。十月,湘林升授延榆绥道,留办供直,升署陕西布政使。后仕途顺畅,官至两广总督。

人文地理

✦ 方位

江西省南昌市新建区联圩镇中胡村位于鄱阳湖畔，距南昌市区约 50 千米，三面被赣江及其支流围绕。

✈ 交通

联圩镇交通十分便捷，昌北机场近在咫尺，乐昌水泥公路已延伸至乡政府，丰产、恒万公路贯通全境，紧临赣江有两座客货深水码头。

⧖ 历史

1958 年设联圩公社，1961 年联圩并入樵舍区，1968 年复设联圩公社，1984 年建乡。2011 年撤乡设镇。

名人

中胡村是一个赫赫有名的"博士村"。被誉为"中国生物学界的老祖宗"的胡先骕、为中苏边境划定提供谈判依据的著名历史学家胡德煌、著名遗传学家胡楷等，都来自这个小山村。

风景

"落霞与孤鹜齐飞，秋水共长天一色。"这是唐初著名诗人王勃在《滕王阁序》中描绘的新建的壮丽自然景观。新建有西山万寿宫、梦山罕王庙、松湖黄堂宫、石埠明宁王墓、溪霞天然景观、大塘汪山土库、象山森林公园、南矶山自然湿地保护区等名胜古迹和游览景点。

尊长重教

南昌高新区徐氏家族

徐稚

　　(97—168)，江西南昌人，字孺子。东汉时期名士，世称"南州高士"。曾屡次被朝廷及地方征召，终未出仕。汉灵帝初年，徐稚逝世，享年72岁。徐稚因其"恭俭义让，淡泊明志"的处世哲学受到世人推崇，被认为是"人杰"的典范和楷模。

　　据考证，徐孺子曾祖父徐详字审言，泗州人，西汉时侨寓浙江会稽，因战乱迁居豫章南塘。陈蕃任豫章太守时，徐孺子为拒绝陈蕃举荐，全家隐居于后来称之为北沥徐村的地方，是北沥徐家的始祖。他很好地继承和发展了先祖伯益、偃王的高风亮节，并将这种品德践行到了巅峰，被尊称为"南州高士"。自此，徐氏家族在南昌高新区北沥徐村繁衍生息，并成为当地望族。

　　尊重长辈和重视教育是徐氏家族家训家规的两大特色，也是这一家族绵延1900余年的法门所在。

　　徐氏家族的家训从"君同天地""亲恩浩大"讲起，和儒家所倡导的"天地君亲师"伦理吻合。家庭是社会的基本单元，在家庭教育中认识"君"的最高权威，虽然具有封建社会的思想，但在当时对于社会的秩序建立和稳定，却有着重要作用。在社会中确认"君"代表的政权地位，而在家庭中，人们则应懂得"亲恩浩大""莫逆尊长"的道理。父母养育了你，给了你生命，教导你成人，如此恩情，浩大无边，这是应该牢牢记取的。这也是在家庭中确立"亲"的至高地位，建立明确的家庭秩序。这两个秩序的建立，对一个社会的良好秩序来说，是至关重要的。

要让一个人明事理,就要让他从小接受教育。除了家训中有"士勤诵读"外,家规第一条就是对参加各种级别考试的学子予以不同资金的奖励,用这样的方式激励家族成员从小发奋读书,努力成才。家规还规定家族成员中7岁至13岁的少儿,要诵读家族编写的《童歌》,用这种方式,让大家从小不仅识字,还从自编的乡土教材中知道家族的来历和家族繁衍的历史,不忘自己的根,起到一种教化作用。

家族重要传承人物

■ **徐广**(352—425),字野民,为徐孺子九世孙,自幼对父母十分孝敬,带领弟弟徐庶(字逸民)发奋读书。后来徐广"举茂才",晋孝武帝时典校秘书省为秘书郎,转员外散骑常侍、祠部郎等。义熙初年,徐广奉诏撰辑国史,撰成《晋纪》46卷。徐广在孺子家风熏陶下,一生勤于攻读,老犹不倦,百家之学无不研讨,晚年回归故里,74岁殁,安葬望仙寺东祖茔处。

■ **徐韬**(826—897),字丕略,为徐孺子二十五世孙。后迁居丰城。徐韬虽为家中独子,但从不娇生惯养,在诗书家风熏陶下,自小勤劳

家规家训

家训

尔等子孙,悉听吾言:君同天地,忠爱弥坚;亲恩浩大,奉养宜虔;昆弟同气,友恭须全;夫妇唱随,义顺百年;朋友往来,诚信相联。五伦即讲,四业再宣:士勤诵读,奎祖荣先;农力耕稼,仓积云连;工资财用,末技时兼;商握奇赢,化居贸迁。劝诲已毕,戒饬复严:莫逆尊长,莫欺贫孱;莫凌族类,莫害乡阊;莫忿淫盗,莫好遊眠;莫亲赌局,莫恋酒筵;莫恃拳勇,莫逞刁悬。克遵吾训,子令孙贤。

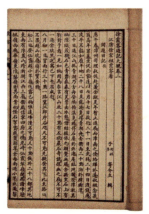

徐霞客游记

家规家训

家规

凡族中士子应小试大考及入庠岁贡中式，公酌给费以示奖励。

凡族中惇悌重廉耻与办事有功者，众心悦服，祠中擢上席以明劝尝。

凡族中孤独孀寡贫乏难支者，公给养以敦族谊。

凡祠内谒祖毕，族人序拜，六十以上者，免跪拜以尊高年。

凡族中有官职衣顶及学业明通者，祠内分执各事。

凡族中七岁以外十三岁以内识字者，念童歌。

凡当祭祖之日先将红单派列执事之人贴祠门外，以杜搀越，以免违悮。

耕读，成绩特别优秀。唐宣宗丁卯年（847），徐韬21岁，经乡荐走上仕途，直至朝廷都察院都御史，掌握都察大权。唐朝末年，朝廷腐败，徐韬不愿与贪官同流合污，便辞官携妻儿在"吴塘正信乡（今丰城白土乡）定居"。

■ **徐霞客**（1587—1641），明代地理学家。名弘祖，字振之，号霞客。徐孺子是东汉"南州高士"，徐霞客是明朝"高士"，两人都没入仕，两人都彪炳华夏。根据两边谱记世系连接，两人确有直系血缘关系，徐霞客系徐孺子五十一世孙。

徐霞客效仿徐孺子，也不愿为明末统治者卖命。他抛弃"父母在，不远游""孝子不登高，不临深"的千年古训，以毕生精力考察了大半个中国，足迹遍布10多个省的无数山川，风餐露宿，冒着生命危险，坚持实地考察，写下大量笔记和考察报告。他留下的约60万字的《徐霞客游记》，有着极高的科学价值，被誉为"千古奇书"而收入《四库全书》。现《徐霞客游记》开篇之日5月19日（即万历四十一年三月三十日），被国务院定为"中国旅游日"。

家训家风故事

"徐孺下陈蕃之榻"

王勃在他的《滕王阁序》中用了一个典故"人杰地灵,徐孺下陈蕃之榻",这个典故里有一个故事。

此处的"徐孺"是指东汉"南州高士"徐孺子。他曾赴江夏(今湖北云梦县)拜著名学者黄琼为师,后来黄当了大官,徐就与之断交,并多次拒绝黄让他去当官的邀请。黄琼死后,徐孺子身背干粮从南昌徒步数日赶到江夏哭祭,后人敬佩道:"邀官不肯出门,奔丧不远千里。"

此处的"陈蕃"是指东汉名士陈蕃。陈蕃在京城洛阳犯颜直谏得罪了权贵,从而被贬到豫章(今江西南昌市)任太守。豫章住有一名名士——徐稚,字孺子。徐孺子"恭俭义让,所居服其德",有"南州高士"之誉。但对朝廷的屡次起用,他都予以推辞,如拜其为太原太守,"不就";朝廷"以安车、玄纁备礼征之",仍"不至"。

徐孺子拒不为官的原因,是他认为东汉王朝已经病入膏肓,无药可救,"大树将颠,非一绳所维"。陈蕃对这样的名士非常敬重,一到豫章,连官衙都没进,就率领僚属直奔徐孺子家,"欲先看之"而后快。见过徐孺子后,陈蕃仍不死心,想聘请他到府衙任功曹,徐孺子还是坚辞不就。但出于对陈蕃的敬重,徐孺子答应经常造访太守府。陈蕃也出于对徐孺子的敬重,专门为徐孺子做了一张床榻,平时挂在墙上,徐孺子来访的时候,就把床榻放下来,两个人惺惺相惜,秉烛夜谈;徐孺子走了,就把榻挂回原处。这就是"徐孺下陈蕃之榻"典故的由来。

少年徐仲芳　诗惊右丞相

徐仲芳(1273—1351),徐孺子四十三世孙,字宗儒,号南溪。徐仲芳5岁时父亲就教他读书写字、背诵古诗,向他讲述始祖徐孺子勤奋耕读的故事。徐仲芳勤学苦练,9岁就能写诗,常得到一些文人墨客的夸奖。

13岁那年,一日上午,徐仲芳跟着父亲正在菜园里干活,忽然有人传信,说有一个老者要见他。

这位老者是江西乐平的马廷鸾(1222—1289),是个才学双全的大人物,曾任南宋右丞相兼枢密使。他性格刚直,廉政为官,因受到奸臣贾似道猜忌,一气之下辞官回到家乡乐平。恭帝即位,多次召马廷鸾回朝,要给他官复原职,马屡托辞不至。晚年的马丞相经常往返南昌、乐平,在南昌与一些文人墨客相聚。某日听大家推崇徐孺子后人徐仲芳,称其年仅13岁作文赋诗堪称一流,马丞相就把徐仲芳这个名字记在心里,想见见这位少年。

徐仲芳见到衣着朴素还带着随从的老者,便上前问候,当知道老者就是昔日的右丞相马廷鸾时,不禁喜出望外。马丞相想看他写的诗文,徐仲芳将刚写好的《北沥八景诗》双手捧给马丞相指教。

马丞相对徐孺子品行和北沥徐村历史非常熟悉。当他读到《沈湖月浪》(沈湖即艾溪湖)"平湖极目挹清凉,五夜微风泛粼光……"时,啧啧称奇。读毕《北沥八景诗》,马丞相嘱徐仲芳带他到八景实地转转。回来后,马丞相用徐仲芳的纸笔砚台,欣然写下《北沥八景记》。文末盛赞徐仲芳"孺子裔南溪公者,资性清纯,学问渊博,高蹈尚志,有先人风……得山水之乐,踵孺子之芳,诚无忝尔祖者乎?"

(注:徐仲芳《北沥八景诗》和马廷鸾《北沥八景记》均载于《豫章北沥徐氏族谱》。)

看准了的事就要坚持做下去

徐霞客受家庭影响,幼年好学,博览群书,尤钟情于地经图志,少年即立下了"大丈夫当朝碧海而暮苍梧"的旅行大志。

万历三十六年(1608),22岁的徐霞客头戴着母亲为他做的远游冠,肩挑简单的行李,正式出游,直到54岁逝世,他的青春都是在旅行考察中度过的。徐霞客在游历考察一天之后,无论多么疲劳,都坚持把自己考察的收获记录下来,为后人留下了珍贵的地理考察记录。

徐霞客的游历实际上是对山川、河流、地形、地貌的一种科学考察,而不是旅游。徐霞客对许多河流的水道源流进行了探索,像广西的左右江,湘江支流潇、郴二水,云南南北二盘江以及长江,等等,其中以长江最为深入。战国时期有一部地理书《禹贡》,书中有"岷江导江"的说法,后来的书都沿用这一说。徐霞客对此产生了怀疑。他带着这个疑问"北历三秦,南极五岭,西出石门金沙",查出金沙江发源于昆仑山南麓,比岷江长一千多里,于是断定金沙江才是长江源头。由于当时条件的限制,徐霞客未能找到长江的真正源头,但他为寻找长江源头,迈出了极为重要的一步。在他以后很长时间内也没有人找到长江的源头,直到1978年,国家派出考察队才确认长江的正源是唐古拉山的主峰各拉丹冬的沱沱河。

徐霞客还是世界上对石灰岩地貌进行科学考察的先驱,他一共考察了100多个石灰岩洞。对桂林七星岩15个洞口的记载,同今天地理研究人员的实地勘测结果大体相符。徐霞客去世后的100多年,欧洲人才开始考察石灰岩地貌。

徐霞客在游历考察过程中,遇到种种常人难以想象的困难和危险,他都以顽强的毅力克服下来了。他还曾经三次遭遇强盗,四次绝粮。湘江遇盗,跳水脱险的事,发生在他50岁时的第四次出游中。这次出游,他计划考察湖南、湖北、广西、贵州、云南等地。出游不久,就在湘江遇到强盗,他的一个同伴受伤,携带的行李、旅费被洗劫一空,人也险些丧命。

当时,有人出于好心劝徐霞客回去,并要资助他回乡的路费,但他却坚定地说:"我带着一把铁锹来,什么地方不可以埋我的尸骨呀!"

徐霞客继续顽强地向前走去。没有粮食了,他就用身上带的绸巾去换几竹筒米;没有旅费了,就用身上穿的衣服、裤子甚至袜子去换几个钱用。徐霞客克服了重重困难,终于达到了自己定下的目标,完成了以日记体为主的中国地理名著《徐霞客游记》。

人文地理

方位

南昌市高新区位于南昌市东大门，区域面积 286 平方千米，下辖昌东镇、麻丘镇、艾溪湖管理处、鲤鱼洲管理处。

交通

南昌地处中国经济发达的长江三角洲、珠江三角洲和闽东南三角区的最佳"结合"部，是中国内陆承东启西、贯通南北的战略要地和重要交通枢纽，区位优势明显。

历史

位于南昌市高新区的北沥徐家，是一个沉淀了一千多年历史的老村。这个村子的声名远播，是因为此地是唐代诗人王勃在他的《滕王阁序》中所写"人杰地灵，徐孺下陈蕃之榻"这一不朽名句中的"徐孺"的晚年安居之地。

名人

"徐孺"即徐稚，字孺子，是东汉时期著名的高士贤人，晚年隐迁于艾溪湖畔，过着简单的农耕生活，他是现在北沥徐家的始祖。

风景

村口建有一座徐孺子纪念堂，正堂上镶嵌的"中华人杰徐孺子"石匾，为全国人大常委会原副委员长费孝通亲笔题写的。纪念堂四面墙上，绘有徐孺子与豫章太守陈蕃惺惺相惜的故事的壁画。

同时当地还建有孺子文化广场与孺子公园。

人淡如菊

浔阳陶氏家族

陶渊明

（352 或 365—427），东晋著名诗人、辞赋家。陶侃的曾孙，字元亮，一名潜，私谥靖节，别号五柳先生，浔阳柴桑（今江西九江）人，曾任江州祭酒、建威参军、镇军参军、彭泽县令等职，后辞官归隐，躬耕田园。他是中国第一位田园诗人，被称为"古今隐逸诗人之宗"。有《陶渊明集》传世。

陶渊明所在的家族浔阳陶氏坐落在江西九江的西南，他家祖德深厚，家风淳正。陶渊明高祖母湛氏是中国古代有名的贤母，曾祖父陶侃则为东晋时期大司马。陶氏一族在繁衍生息中一直注重教育子孙。从陶母湛氏的"封坛退鲊"到"陶侃运甓"再到陶渊明家书教子，贤廉门风一脉相承，最终化为浔阳陶氏的独特家训家风。

千百年来，陶氏家训已成为陶氏后人为人处世的一面镜子，世代坚守的人生信条。可以说，陶氏家训对于浔阳陶氏整体精神生态的养成起到了重要作用。陶氏家训，代代相传，造就了许多陶氏后人。据《陶氏史记》记载，唐宋以来，浔阳陶氏考取进士者共 75 人，文武举人者约 182 人，他们继承先祖遗风，廉洁为官，谨守法度，赢得后人的景仰与赞誉。

家族兴则国家盛，国家盛则民族强。家庭是社会的细胞，而家庭教育对子女的品行产生重要影响。一个家庭就是一个生产单位，一个家族就是一个生活群体，众多家族分布在广袤的大地上，构成了整个社会的基础，因此对于国家社会而言，家庭教育是非常重要的。到了现代社会，稳定的家庭环境、良好的家庭教育，对孩子未来发展更是有着极大的作用。陶氏家族的家庭教育就是一个成功的典范，其家族文化和家规家训有着独特的魅力。

陶母教子的精神,不仅滋养了陶氏后裔,也成为无数家庭的精神财富。中国历代都有对陶母的传颂,更有不少文人墨客写下了诗词歌赋。

唐代浩虚舟的《陶母截发赋》声情并茂。宋代刘克庄以陶母作比,歌咏贤母:"诲子如陶母,持身比伯姬。"明清时期,陶母更是成为贤母教子的典范,《女范捷录》说:"是以孟母买肉以明信,陶母封鲊以教廉。"《弟子规》则用"陶母还鱼责子"的故事,教育儿童"事虽小,勿擅为;苟擅为,子道亏"。

历史上的名人家训很多,但是由陶母、陶侃、陶渊明三者结合形成的名人家训,却有它独具特色的魅力。这种家训,可谓是家庭生活、社会事业、文化思想相结合的统一体。陶母的家教,促使陶侃建立了赫赫军功,成为一代名将;而陶渊明又从人品、诗品、文化思想方面,丰富了陶氏家训的内涵,实现了家庭教育、社会教育、文化教育等多方面的统一。陶母的贤能智慧,陶侃的勤勉忠诚,陶渊明的仁义宽厚,三者相互结合,在家训中融为一体,形成了一个既针对家庭又影响社会,既脚踏实地又意义深远的教育经典。他们创造的文化不断得到认同,人们不断探讨、挖掘其中包含的深刻意义和作用,并被众多的家庭教育实践所采用。在广泛的社会传播中,陶母的教子典故,以及陶氏家族创造的文化,成为历代人们用来教育子女的教材和范本。明清以来的陶氏家规,就是在这种文化背景下形成的。陶氏后裔不仅在家庭中接受陶母、陶侃、陶渊明等先祖精神的教育,进入社会也会感受到社会上用陶母、陶侃、陶渊明精神教化他人

家规家训

为官不可不廉

陶公少时,作鱼梁吏,尝以坩鲊饷母。母封鲊付使,反书责侃曰:"汝为吏,以官物见饷,非唯不益,乃增吾忧也。"

——刘义庆《世说新语·贤媛第十九》

教化不可不明

礼义廉耻,谓之四维,制心以礼,制事以义,取财以廉,措行以耻,如是则教化隆而真儒出,四维张而家声大矣。

——《光绪丙午浔阳陶氏俨公支派宗谱·祖训遗规》

的浓郁文化氛围。这些现象体现了家庭教育与社会教育的一致性，也表明陶氏的家庭教育既有家族特色，十分亲切，又与社会教育水乳交融，高度一致。

陶母、陶侃、陶渊明是促使陶氏家规家训形成的核心人物。在1600多年的历史中，这3位名人创造的文化，经受住了无数次检验。

陶氏家规家训不是由一个人创造的，而是集体智慧的结晶。陶母教子的两则经典故事，陶侃训导他人珍惜光阴、勤勉努力、爱惜农桑等，陶渊明教导儿子"当思四海皆兄弟之义"，这些先祖教诲与明清以来出现在陶氏家谱中的家规家训既一脉相承，又互相补充，构成了一个整体，凝聚了历代陶氏的集体智慧。它们既与陶氏家族在不同时期、不同环境中的生活经验、思想认识密切相关，又体现了超越时空的共识和真理。

总结起来，陶氏家训既是名人家训又具有通用性，这不仅保证了它在不同的时期、不同的后代中发挥作用，也使它成为不同家族乐意接受和借鉴的规训，并使陶氏家族教育与社会教育保持统一，从而为陶氏的家族教育获得成功

家规家训

诗书不可不读

少学琴书，偶爱闲静，开卷有得，便欣然忘食。见树木交荫，时鸟变声，亦复欢然有喜。

——陶渊明《与子俨等疏》

法度不可不守

（陶侃）尝出游，见人持一把未熟稻，侃问："用此何为？"人云："行道所见，聊取之耳。"侃大怒曰："汝既不田，而戏贼人稻！"执而鞭之。是以百姓勤于农殖，家给人足。

——房玄龄等《晋书·陶侃传》

国家三尺，焕若日星，甚可畏也。一举一动，皆循乎理，庶免于戾，否则自干宪典矣，于人何尤？

——《光绪丙午浔阳陶氏俨公支派宗谱·祖训遗规》

家规家训

修身不可不诚

侃在州无事，辄朝运百甓于斋外，暮运于斋内。人问其故，答曰："吾方致力中原，过尔优逸，恐不堪事。"其励志勤力，皆类此也。

——房玄龄等《晋书·陶侃传》

齐家本于修身。身也者，祖考之遗体而子孙之观型也，继往开来，担当世道，皆于是乎赖之。故必敬以持己，恕以及人，三畏儆心，四知接物，庶身端心诚，合族有所准则矣。

——《光绪丙午浔阳陶氏俨公支派宗谱·祖训遗规》

公道不可不彰

是非曲直，如泾渭攸分，何难鉴别？但僻于情则抑于理，知之而不言，言之而不尽，或畏势避难，袖手坐观，任其恣意横行，莫知所惩，酿成大患，或至倾家，或至辱亲，皆缘公道不彰故也。

——《光绪丙午浔阳陶氏俨公支派宗谱·祖训遗规》

陶氏族谱

提供了基础。

陶母提倡的"贤"和"廉"的精神，饱含了中华优秀传统文化的基因，一定程度上影响了整个民族的社会风气，在后代广泛流传，产生了巨大的社会影响。

岁月悠悠，历经千年洗礼与传承，陶母已然成为一座丰碑，镌刻着中华女性的崇高和伟大。陶母精神必将为人们所铭记和传扬，陶氏家训也成为中华优秀传统文化的不可或缺的一部分。

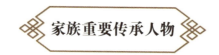

家族重要传承人物

■ 陶侃(259—334),字士行,原为鄱阳郡枭阳县(今江西九江都昌)人,后徙居寻阳柴桑(今江西九江西),东晋时期名将。陶侃出身贫寒,初任县吏,后逐渐出任郡守。永嘉五年(311)陶侃任武昌太守,建兴元年(313)任荆州刺史。后他又任荆江二州刺史,都督八州诸军事,封长沙郡公。咸和九年(334)去世,年七十六,获赠"大司马",谥号"桓"。陶侃从军 30 余年,多次平定战乱,为稳定东晋政权立下赫赫战功。他精勤于吏职,不喜饮酒、赌博,为人所称道;他治下的荆州,史称"路不拾遗";他"喜文辞,行文如流",著有文集 2 卷行世。

家训家风故事

陶母教子

《晋书·列女传》记载了这样两则故事。

风雪漫天之日,鄱阳孝廉范逵在陶侃家寄宿,但陶家一贫如洗,没法招待客人。陶母就撤出睡觉用的草垫子,亲自铡碎,拿来喂范逵的马;又暗中把头发剪下来,卖给乡人,置办菜肴,招待客人。范逵知道这件事后叹息说:"不是这样的母亲,生不出这样优秀的儿子!"

陶侃年轻时做过浔阳县吏,负责监管渔业。有一次,他托人把一坛腌鱼送给母亲。陶母问明情况后,原封不动退回,并附上书信说:"你身为官吏,本应清正廉洁,却拿官家的东西送给我,这样不仅对我没好处,反而增加了我的忧愁。"

这两个故事可以用两个字来概括。一个是"贤",这体现了传统儒家的精神。这种"贤"的教诲,对陶侃日后成就平定叛乱、扶助国家的大业起了很大的作用。第二个字就是"廉",廉洁的"廉",这种廉洁也是让人成就大事的基本品质。

贤,可以成就大我;廉,可以超越自私。在陶母的言传身教下,陶侃养成了好学、勤奋、正直的优秀品质,成为匡扶东晋王朝的一代名臣。

陶侃为官清廉

陶侃出身贫苦,少年丧父,在陶母的悉心教诲下,养成了好学、勤奋、正直的优秀品质。后陶侃学有所成,出仕为官。他从县吏做起,一直做到荆江二州刺史,都督八州诸军事,封长沙郡公。

他为官勤勉,军中府中众多的事情,千头万绪,没有一点疏漏。他常对人说:"大禹圣者,乃惜寸阴;至于众人,当惜分阴,岂可逸游荒醉? 生无益于时,死无闻于后,是自弃也。"

有一次他出游时,见到一个人拿着一把没有成熟的稻谷。陶侃问:"你采稻谷做什么?"那人说:"我走路见到稻谷,姑且拔了一把。"陶侃大怒说:"你既不种田,却又毁害别人的稻谷来戏玩!"让人捉住他打了鞭子。从此,百姓勤于农耕养殖,家给人足。

当时造船,陶侃命人把木屑和竹头都登记后收藏起来,人们都不明白这样做的原因。后来元旦皇帝朝会群臣,雪下了很久才停,大厅前剩余的雪化了,地还很湿。于是陶侃又命人用木屑撒在地上以便行走。等到桓温攻伐蜀时,人们又用陶侃贮存的竹头做竹钉组装船只,这才知道他从前的用意。由此可见陶侃其人的细微缜密、清廉节俭。

人文地理

方位

柴桑县即九江县(今为柴桑区)位于江西省北部、长江中游下段南岸,东倚庐山,南邻星子、德安,西毗瑞昌,北与湖北广济、黄梅和安徽宿松隔江相望,中插九江市城区,使县境分成东、西两部分。

交通

境内有庐山机场、高速公路、庐山高铁站,独得近城、近江之利,构成水、陆、空立体交通网。

历史

九江,简称"浔",古称浔阳,因古时流经此处的长江一段被称为浔阳江,且县治在长江之北,即浔水之阳而得名。又称柴桑,西汉置,因有柴桑山而得名。

名人

中国古代有名的贤母、东晋名将陶侃的母亲湛氏,文学家陶渊明,征西将军周访等都是九江人。

风景

九江,自古为江南著名的游览胜地,素有"九派浔阳郡,分明似图画"之美称。著名景点有庐山、鄱阳湖、东林寺、白鹿洞书院、浔阳楼、中华贤母园等。

双井清源

修水黄庭坚家族

黄庭坚

（1045—1105），北宋诗人、书法家。字鲁直，号山谷道人、涪翁，又称豫章黄先生。洪州分宁（今江西修水）人。宋治平四年（1067）登进士第，历任汝州叶县县尉、国子监教授、校书郎、著作佐郎、太和知县、秘书丞、涪州别驾、黔州安置等职。为"宋四家"之一。有《山谷集》。另有诗文集《山谷精华录》。

黄庭坚出生于一个书香世家，终宋一代，修水双井黄氏文风极盛，世代子孙有文名可考者逾百人，中进士者有近五十人，时人盛赞黄家"诸子多以文学知名，称江南望族"。黄庭坚幼入书院，学习诗文、经史，聪慧过人，书读数遍即能诵。他经常与"诸父、昆弟相与题咏、赓唱"，学业进步极快，舅父李常称赞他求学功夫"一日千里"。

黄庭坚在诗词、书法、为人、做官等方面取得的成就得益于诗书传家的良好家风。黄庭坚的曾祖父黄中理曾主持制订《黄氏家规》，家规共二十条，对行孝、为友、从业、求学等方面进行了详细规定。家规强调对待祖宗，犹如水木之源，不可忘也；对待父母，犹如天地之大，务宜孝也；对待兄弟，犹如连枝之人，须互助也；对待邻里，犹如唇齿之依，必相敬也。家规还强调读书乃诚身之本，显扬宗祖之要务，后生学子务必典籍精通、文章通晓。《黄氏家规》不仅被本族奉为祖训，也被当地百姓奉为楷模，世称"黄金家规"。

此外，黄庭坚在晚年也留下一篇《家戒》，总结一些家族兴衰的原因。他一方面继承黄氏家族重诗书的家风，教育子弟继承读书的传统；另一方面，他非常重视家族内部的和睦，认为家族成员如果能够敦睦相处、相互体谅，必定能子孙荣昌、世继无穷。

家族重要传承人物

■ **黄赋**（908—948），是南唐进士试中的武探花，在保疆靖匪的战斗中身经百战，殉职于战事，葬于武宁高坪，被追封为显忠王。后俊常常亲往祭奠，其英雄事迹滋养着双井后人的浩然之气。

■ **黄茂宗**（991—1055），字昌裔，是双井进士中的旗手，为官之前是芝台、樱桃洞二书院的老师。24岁那年（即大中祥符八年，公元1015年）参加进士考试，考题为《木铎赋》，本来他的文章最出色，却被考官看走了眼，误判为第二。翰林学士胥偃见赋后大为惊叹，力荐黄茂宗怀赋上殿，宋真宗主持殿试钦定

家规家训

重孝

人有祖宗，犹水木之有本源，不可忘也。

父母罔极之恩，同于天地。凡我子姓亲存者，务宜随分敬养。

——双井《黄氏家规》

崇文

读书乃诚身之本，而显扬宗祖之要务也。必岁延名宿，教育后生，务期典籍精通，文章晓畅；更且敦励行谊，以成大器，斯真读书矣。其供应俸仪，俱不可苟。若以供俸菲轻为便，浪延村学，仅图识字，致滋鄙陋，反堕先声。为父兄者，尚其念之。

——双井《黄氏家规》

吾子力道问学，执书册以见古人之遗训，观时利害，无待老夫之言矣。

——黄庭坚《家戒》

互助

族众人繁，贫富不齐，势所难免。吾族倘有窘迫之家，生不能娶、死不能葬者，在家饶者，当仰体祖宗一脉之意，量力助之。此厚道也。家饶者毋得坐观失所，以玷先人。

吾族附近桥梁道路，每岁秋末冬初，务宜修理。盖不特便于行人，抑且便于自己。又不特便人便己，盖桥梁整顿、道路宽平，往来行人增多少颂扬，地方气象增多少光昌。

——双井《黄氏家规》

其为状元,其官声业绩《宋史》等典籍均有记载。他的学问文章冠绝一时,黄氏子弟多受其影响。黄庭坚《叔父和叔墓碣》称茂宗:"高材笃行,为书馆游士之师,子弟文学渊源,皆出于昌裔。"

■ **黄茂谒**(1000—1063),号正伦,是黄庭坚的祖父,以擅书而名。他是"上天梯"最顽强的拼搏者,一生有三分之二多的时光在备考、赴考和应考中度过。他的儿子黄庶(黄庭坚之父)24岁就早中进士,儿子比父亲早中了15年,真是"雏凤清于老凤声"。但他毫不气馁,屡败屡战,愈挫愈劲,踏踏实实,凭着雄厚的实力,在58岁那年和57岁的堂弟茂先、30岁的堂侄孝宽、21岁的侄孙公麟一同跨入了进士的行列,成了双井历届应考者中最为荣耀的进士团队的"领头雁"。

家规家训

礼让

子弟凡行坐出入,必后长者;即在公祠,遇有应说公事,亦必须从容言之;其尊长亦不得以尊压卑、以长凌幼,法言巽语,随机教诲。

行者让路,耕者让畔,文王之化行俗美也。近世有在同族之间,寸土不能相让者,已称鄙陋之夫。况倚富欺贫、恃强凌弱、巧设机关、侵占争夺,天理良心,果安在乎? 吾族倘有此辈,讦告公庭,家长共证其罪,以遏浇风。

——双井《黄氏家规》

■ **黄茂先**(1001—1093),字宝之,是一位官显、文著、年高、德劭的先贤人物。他同黄茂谒一样酷爱书法。他是十龙(黄氏同族应试者共有十人考中进士,时称"十龙及第")中官位最显、享寿最长、书法成就最高的先贤。茂先官至皇宫少师,刑部尚书,享年九十有三,书法与蔡襄媲美,热心公益事业,曾筑南昌濂溪祠堂。文章与龙图阁直学士段少连齐名,时称"江南黄茂先,江北段少连"。

■ **黄廉**(1034—1092),是黄庭坚的叔父。嘉祐六年(1061)进士,工诗善书,历任宣州司理参军、秘书省著作佐郎、利州路转运判官、集贤校理、刑部尚书、河东提点刑狱、尚书户部郎中、起居郎、权中书舍人、集贤殿修撰、枢密都承旨、给事中等职,其天资洁清、正直清廉、为政仁厚、忧国爱民。平生忠信孝友,无负上下,儒家精义,力行不贷。在他的教育培养下,他的儿子叔敖,官清政卓,官至户部尚书。

家训家风故事

涤亲溺器

有诗称赞:贵显闻天下,平生孝事亲。亲自涤溺器,不用婢妾人。

黄庭坚是个孝子,二十四孝里有一则家喻户晓的故事——涤亲溺器,说的就是他。他秉性至孝,自小侍奉父母极真诚而且无微不至。因为母亲有洁癖,受不了马桶的异味,所以他从小就每天亲自倾倒并清洗母亲所使用的马桶,数十年如一日。即使日后身为朝中显贵,也丝毫没有忽略照顾侍奉母亲之事。尽管当时仆从甚多,大可不必亲自为母亲清涤马桶,但是他认为侍奉父母是为人子女该亲自做的事,不可以委托他人之手,尽心侍亲和当不当官没有什么关系。

当母亲病危的时候,黄庭坚更是衣不解带,日夜侍奉在病榻前,亲自浅尝汤药,极尽人子的孝道。所以在史书上,苏东坡赞叹他:"孝友之行,追配古人;瑰玮之文,妙绝当世。"意思是他孝顺父母、友爱兄弟的情操,可以媲美古人;他所作的文章瑰玮,气韵超然,无可比拟。黄庭坚涤亲溺器的孝行爱心,感人至深,成为中华儿女的典范而世代传颂,为中华民族传统美德的画轴增添了温润莹彩的一卷。

"太和治盐"的史话

元丰三年(1080),黄庭坚被任命为太和县(今江西省泰和县)知县。为了解百姓的生活实际情况,他常常深入乡里,双脚踏遍了太和县境的崎岖山路,将百姓的疾苦如实上报,以减轻百姓负担。

元丰四年(1081),朝廷推行食盐统一派销,价贵质差。太和的百姓因贫穷而无力购买,抵制派销,因此和官府产生了摩擦。为了查明缘由,黄庭坚一身商人打扮,带着随从前往边远山村大蒙笼。当他得知差官里正倚仗权势,不仅强行派盐,而且敲诈勒索,欺压百姓时,他当即限令其三天之内把勒索山民的钱粮和牛猪如数归还,并且对百姓们说:从今日起官府执行盐法,一律自由买卖,决不为难百姓。

对这一事件,《宋史》是这样记载的:"知太和县,以平易为治。时课颁盐策,诸县争占多数,太和独否,吏不悦,而民安之。"由此可以看出,当时黄庭坚考虑到民众的疾苦而没有强行摊派食盐,虽然官府不悦,但老百姓却拍手称快。这种为民所想、为民而忧的做法,充分映照出黄庭坚"民病我亦病"的情感境界,也是黄庭坚大爱情怀的魅力体现。

《戒石铭》的由来

黄庭坚为官清正廉明,刚正不阿,始终保持了一个士大夫清正廉洁和"不以民为梯,俯仰无所作"的品行操守。他在太和县上任不久,就亲笔书写了孟昶《戒石铭》中的 "尔俸尔禄,民膏民脂。下民易虐,上天难欺"的十六字箴言,并刻成石碑,立在官署衙前,旗帜鲜明地表达和传扬匡扶社稷、廉洁从政及敬民爱民的心志。宋绍兴二年(1132)六月,宋高宗颁旨将黄庭坚手书的《戒石铭》颁发到全国各州县,刻成石碑,由此《戒石铭》成为《御制戒石铭》。

千百年来,日月交替,朝代更迭,然而黄庭坚手书的《御制戒石铭》却代代相传。明太祖朱元璋称帝后,颁令各府州县俱立《戒石铭》于衙署堂前。

就当时来讲,《戒石铭》或许只是黄庭坚的一个心理观照,可谁曾料想,这么一个心理观照,后来却影响到整个朝廷,辐射到整个国家,流传了千百年!

一石二井

一天,许多小孩聚在河边,连连用石子投井,想要达成一石投二井的效果,结果自然是一无所获。有个小孩连投十几次也没有结果,气恼异常,拿起块石头将地下的石子砸得粉碎。这一砸,倒触动了他的灵感,心想:"把一颗石子砸成两颗,投入两口井中,不就是一石中双井吗?"他高兴地宣布了自己的发现。许多孩子羡慕他的方法高明,连声夸奖。不想7岁的黄庭坚走来,听说之后,不以为然,说:"一颗石子砸成两颗,还不就是两颗吗?不行,不行。"那小孩不服气,学着黄庭坚的口气说:"不行!不行!只怕你倒更行!"

黄庭坚起先没有准备投石子,经他这一激,倒想试试了。可石子拿在手中,又犹豫了:"这么一颗石子,要投进两口井中明明是不可能的,自己贸然来试不也是要出丑吗?"想到这里,他举起的手不觉又垂了下来。那小孩又起哄说:"快看行的人呀!"一句话,引得众小孩都笑起来了。

黄山谷墓地

黄庭坚从小就要强好胜,在学堂里读书不夺得头名是决不罢休的。听他这一起哄,一急之下,又举起了石子。也是情急智生,他想起平素跟小孩一起"打水漂",一个石子可以在水面上跳十几下,如果自己像"打水漂"一样,让石子先在一口井上跳一下,再漂到另一口井上沉下去,不就是一石中双井了吗?这样一想,他来劲了,找来一块扁平的小石,瞄准目标,计算好距离,手一甩,那石子在后一口井上一漂,好似投中了,忽地又窜了上来,漂落到另一口井上,"刷"的一声沉了下去。

这一来,围观的孩子们都佩服极了,连连夸赞黄庭坚。一个过路的老农也连连称赞:"好聪明的孩子!好聪明的孩子!长大了必是高官厚禄,荣华富贵!"黄庭坚长大后虽然不曾高官厚禄、荣华富贵,可一石中双井的故事却一直在故乡流传下来。

福到了

黄庭坚与苏东坡在一起常常互相炫耀家乡的风光与人情世俗。苏东坡动不动就搬出"天府之国""大佛临江"等来夸耀眉山地方好。黄庭坚也不示弱,把双井说得天上人间,举世无双。还说双井四十八进士,百零八举人,村夫野老个个识文断字,读书的风气炽盛极了。苏东坡将信将疑,却又无法否定。

有一年苏东坡来到双井访黄庭坚,只见此地山明水秀、风光绮丽,又正是临近新春,家家忙着过年,横楣对联也纷纷贴出来了。苏东坡留意看了看,一副副对联确是文采盎然、书法端庄。他心中暗暗佩服,开始相信了黄庭坚的话。

有一天,两人游山玩水来到一个小山坳,只见一个老汉正在贴对联,苏东坡眼睛有点近视,走近前一看,哑然失笑,拉着黄庭坚离开老汉家就说:"仁兄说贵乡个个识文、人人断字,眼前这个老汉怕就是个目不识丁的呢!"

黄庭坚顺着他指的地方一看,真糟糕!老汉大概确实不识字,好端端一个

"福"字贴在大门楣上却头朝下、脚朝上,贴倒了。黄庭坚心中暗暗叫苦,嘴上却又不想服输。也是情急生智,他心中一动,故意装着没有发现什么破绽似的说:"先生未与他交谈,怎见得他目不识丁呢?"

苏东坡说:"若不是目不识丁,怎么好端端个'福'字会贴倒呢?"

黄庭坚故意问道:"什么?"

"'福'字贴倒了!"

"请先生再说一遍。"

"'福'字贴倒了!"

"请先生再说。"

苏东坡不耐烦地说:"'福'倒了!"

"请先生连着说说。"

"福倒了,福倒了,福倒,福到……"说了几遍,苏东坡似乎觉察到了什么,声音越来越小,再也不好连下去了。

黄庭坚哈哈大笑,说:"对了!对了!福倒了!福到了!一字贴倒,玩味无穷,不是敝乡人文风盛,学问高,谁人玩味得出来!先生这回该有所见识了吧!"说着他依然哈哈大笑。苏东坡也跟着大笑,连说:"有理,有理,礼仪之邦,诗书之乡,名不虚传,名不虚传……"

直至今天,修水人年节贴"福"字多半倒着贴,有的"春"字、"吉"字也倒着贴,取"春到""吉到"之意。

人文地理

方位

修水县隶属九江市,位于江西省西北部,赣、鄂、湘三省交界处,修河上游,东邻武宁、靖安、奉新,西毗湖北通城、湖南平江,南连铜鼓、宜丰,北接湖北崇阳和通山。

交通

县城距省会南昌 200 千米,距九江市 210 千米。江西的西北面,有一条河蜿蜒流过,这条河就是修河。

历史

修水历史悠久,商封艾侯国,春秋为艾邑,汉建艾县,隋代并入建昌县,唐代为分宁县。1914 年改名为修水县,因境内修河得名。

名人

修水县历代名人辈出。宋代大书法家、著名诗人黄庭坚,湖南巡抚陈宝箴,"维新四公子"之一的陈三立,近代著名画家陈师曾,中国现代最负盛名的历史学家陈寅恪等都是修水人。

风景

黄龙山位于赣、湘、鄂三省交界处,属修水县管辖。它山川深重,钟秀奇多,风光迷人。黄庭坚纪念馆位于县城南山崖上,紧临修河,危崖兀立河畔。

爱莲世第

九江周敦颐家族

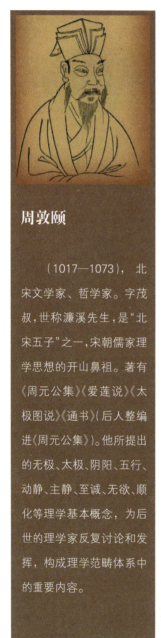

周敦颐

（1017—1073），北宋文学家、哲学家。字茂叔，世称濂溪先生，是"北宋五子"之一，宋朝儒家理学思想的开山鼻祖。著有《周元公集》《爱莲说》《太极图说》《通书》（后人整编进《周元公集》）。他所提出的无极、太极、阴阳、五行、动静、主静、至诚、无欲、顺化等理学基本概念，为后世的理学家反复讨论和发挥，构成理学范畴体系中的重要内容。

距湖南永州道县城西6千米有一个楼田村，宋真宗天禧元年（1017）端午，周敦颐出生在这里的一个书香门第中。周敦颐的父亲周辅成中进士后曾任桂岭县令，不久辞官归隐楼田村。周敦颐在这里生活到10多岁，直至父亲去世。家乡、家庭，给了周敦颐最初的精神滋养。晚年他归隐江西庐山，讲学悟道。最终，他成为"上承孔孟、下启程朱"的理学鼻祖。

周敦颐性情朴实，自述"芋蔬可卒岁，绢布足衣衾。饱暖大富贵，康宁无价金。吾乐盖易足，名濂以自箴"。他平生不慕钱财，爱谈名理，他所认为的"君子以道充为贵，身安为富"，这一句话在今天更是醒世名言。

先生晚年创办濂溪书院，设堂讲学，收徒育人，著有《太极图》《通书》等。因他一生酷爱莲花，便在书院内建造爱莲堂，堂前凿池，名"莲池"，以莲之高洁，寄托自己毕生心志。先生讲学研读之余，常漫步赏莲于堂前。其创作的《爱莲说》，成为千古绝唱。正如周敦颐纪念馆碑记介绍："先生官未至尊，文不长制，而人品高洁，如光风霁月，文章简约，似雅林深壑，学问精深，民从其化，理学独创，士宗其学，开一代理学祖业，获千古仰慕传承。"

宋熙宁四年（1071），周敦颐赴南康军上任，第二年便退休来到莲花洞。周敦颐来到莲

濂溪堂内景

花洞以后，创办了濂溪书院，设堂讲学，收徒育人。他将书院门前的溪水命名为"濂溪"，并自号濂溪先生，传播理学。

清正廉洁，是周敦颐一生致力追求的生活目标，以此形成了其家训家风，并影响了社会风气，逐渐沉淀为中华优秀传统文化。清正廉洁也是我们今天所要大力倡导的一种社会风气。

家规家训

敬父母

十月怀胎，三年乳哺；父母之德，昊天罔极。乃不孝之子，或侮白发为无知，或等高堂如行路，抑思羊有跪乳之恩，鸦有反哺之义，何以人而不如物乎。

和兄弟

诗赋棠棣，书志友生。听妻孥以薄连根，本非君子；重资财以乖同气，岂是丈夫。乃俗谓，少小是兄弟，长大各乡里，果念一本所生，岂以老幼而别。昔邑侯湖南吴公劝兄弟诗文："一回相见一回老，能得几时为兄弟。"此言可发人深省也。

家族重要传承人物

■ **周寿**(生卒年不详),字元老,又字元翁。周敦颐长子。宋元丰五年(1082)黄裳榜进士,初任吉州司户,调秀州司录,终司封郎中。他善书法,能作诗。与诗人、书法家黄庭坚来往密切。

■ **周焘**(生卒年不详),字通老,改字次元。周敦颐次子。宋元祐三年(1088)进士。任贵池令,后任至两浙转运使,官终宝文阁待制,随父周敦颐徙居南康莲花峰下。善作诗,在浙江时与苏轼唱酬甚多。著有《爱莲堂集》传世。

家训家风故事

后世奉旨守墓

根据明嘉靖六年(1527)《九江府志》卷之三"周濂溪墓"一栏中说:"弘治十七年(1504),都御史林俊、提学副使邵实奏请檄取十三代孙周纶守祀。"(一说为弘治十六年即公元1503年,后者多被采信。)

根据《周敦颐全书·历代褒崇》中记载,明孝宗弘治年间,江西按察司金事王启呈给江西都御史林公俊一份公文,请周敦颐的后裔派一人来守墓。公文内记载了濂溪书堂和濂溪墓的方位:"宋儒周元公先生,世家道州,因过浔阳,爱其山水之胜,遂筑书堂于庐山之阜,今在本府德化县十里许。至于其殁,又于葬栗树岭下,仅至书堂五里许。"

清同治十三年(1874)《九江府志》卷四十三中有记载:"明弘治癸亥(1530)都宪林公、提学邵公上疏,修先生墓,因访其裔。得次翁裔曰纶;元翁裔曰电、曰霆、曰勉,皆为先生十四世孙。遂为疏同奉祀事。"

由此可见，周敦颐十三世孙周纶，由湖南道县迁徙至九江专职守祀，后由其十四世孙电、霆、勉等人接守。

周敦颐与《爱莲说》

周敦颐的《爱莲说》流传千古，感染世人。那么，这篇脍炙人口的文章是怎样写出来的？莲花对周敦颐的文风和人品又产生了怎样的影响呢？

早在周敦颐为父守孝期间，舅父郑向就在牵挂其胞妹与外甥孤儿寡母生计艰难。待周敦颐守制服丧满后，郑向立即派周敦颐同母异父的兄长卢敦文把妹妹和外甥敦颐、敦贲（后夭折）、外甥女季淳一同接到衡州西湖郑宅（遗址位于今南华大学附一医院和衡阳市青少年宫一带）抚养，并亲自为甥授课督学，为外甥创造一个良好的学习环境，全力培养。从此，周敦颐便开始了在衡阳的问学历程。

周敦颐从小天资聪颖，深得

家规家训

慎交游

与善人居，如入芝兰之室，久而不闻其香；与恶人居，如入鲍鱼之肆，久而不闻其臭。诚以熏陶渐染，有浸染而不自知者。交游虽小，德行之厚淳浇，以之身家之成败因之。族间子弟，士农工商，各有交游，各慎所与。

禁游惰

民劳则思，思则善心生。以故君子劳心，小人劳力，无敢舍业以嬉。倘或肆意浪游，玩时惕日，谋道者，老大无成；谋食者，饥寒莫保。甚且放荡漂流，因之奸淫邪盗。游惰之害，伊于胡底，可不禁哉？

惩赌博

赌博之场乃迷魂之局，始而气豪，挥金似土；终而情急，弃产如泥。尤可叹者：父子赌，兄弟赌，雇工赌，戏法罔思家法；白日赌，深夜赌，密室财，牌风酿成淫风。岂惟废事失时，抑且败常乱俗。族中有此，家惩必严。

勉读书

近时代为精神文明时代，无在而不需学，国有大、中、小学之制置，尽系促进国民知识水平提高之场所。为父兄者，尽应把子弟入学深造，俾得随潮流增长新知识，而肩负保国卫家之重任。否则不惟有书不读子孙愚，抑亦束缚子孙之本能耳。

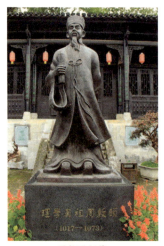

周敦颐铜像

家规家训

和乡党

古者五族为党,五州为乡,睦姻任恤之教由来尚矣。孟子曰:出入相友,守望相助,疾病相扶持,岂非和之大道哉。倘所居相接嚣凌诟淬、鼠牙雀角,甚至鸣官构讼、结仇结冤,报复不已。呜呼,噫嘻!里仁为美之谓何?而顾失此亲睦之淳风乎?我族人虽至愚,当亦知之。

安本分

《易》曰:"君子思不出其位。"《中庸》云:"君子素其位而行,不愿乎其外。"正安分之谓也。苟轻举妄动,越礼犯分,不免身罹法纲,自贻伊戚。人能循分自尽,称力而为,无旷无尸,则无人而不自得焉,我族人应痛加绳守。

舅父的喜欢。更重要的是,他读书勤奋刻苦,又特别喜爱西湖胜景,对白莲情有独钟。于是,郑向在凤凰山庄宅前西湖池畔构亭(即爱莲亭)植莲。当时的西湖,地处郡城西关望湖门至安西门之间的城外,因西湖塘而得名。"衡州西关有巨浸——曰西湖","汪洋千顷,足称伟观"。湖中遍生野莲。野莲花白,俗称祁阳白。每年夏六月始花,一般盛于月中。若三五之夜,恰雨后云霁,白莲受天地雨露滋润,竞相怒放,是时,月华如昼,花月交辉,满湖缟素,如皑皑白雪覆地。白莲绿叶间点缀着一朵朵红莲花,有如三春夭桃,白里透红,红里露白,红白相映,满湖锦绣。热风徐来,株株荷花点头起舞,缕缕清香随风飘洒,满城香透,沁人心脾,令人销魂,故有"西湖夜放白莲花"的典故传世。此为衡州城昔日八景之一。

这种得天独厚的自然环境,为少年时期的周敦颐提供了丰富的想象和创作空间。他常常漫步于西湖塘畔，在欣赏美景的同时研究学问，思考人生。不仅如此，莲花香、净、柔、软、不可染的品性，也影响了周敦颐，陶冶了他的思想情操，为传颂后世的《爱莲说》之诞生奠定了基础。

为官正直

周敦颐舅舅郑向为龙图阁学士，由他推荐，周敦颐做了洪州分宁县（今江西修水县）主簿。当时县里有一件案子拖了很久未能判决，周敦颐到任后，只审讯一次就将案件审理清楚并判决了。县里的人吃惊地说："即便是老狱吏也比不上他啊！"鉴于周敦颐的工作能力，吏部使者推荐他，调任他到南安军担任司理参军。这时有个囚犯依据法律不应当判处死刑，但转运使王逵为人强势，想重判这个囚犯。王逵性格残酷凶悍，同僚中没人敢和他争辩，周敦颐就一个人和他争辩。王逵不听周敦颐的辩解，周敦颐愤而扔下笏板回家，打算辞官而去，他说："像王逵这样的人还能做官吗？用滥杀人的方法来取悦上司，我不做！"得知周敦颐的话，王逵醒悟过来了，这个囚犯免于一死。

人文地理

方位

濂溪区，隶属于江西省九江市辖区，紧靠九江市中心，北濒长江，东临鄱阳湖，南依旅游避暑胜地庐山。

交通

北有九江长江码头，西有九江庐山机场，京九、武九、九合等铁路，昌九高速、景九高速、105国道等公路穿境而过。

历史

濂溪区地域历史渊源久远，新石器晚期，此地已有先民繁衍生息。

夏、商、周为荆州和扬州域。秦始皇二十六年(前221)，分全国为三十六郡，濂溪区隶九江郡。

名人

五柳先生陶渊明，宋代理学开山鼻祖周敦颐，同盟会成员、别号痴公的蔡公时，别号师子庵旧主人、师庵居士的李盛铎等都是九江的著名历史人物。

风景

著名的景点有庐山、宋代四大书院之一的白鹿洞书院、富有原始风韵的碧龙潭、净土宗祖庭东林寺及西林寺、铁佛寺、石门涧、第四纪冰川遗址、鄱阳湖候鸟保护区等。宋明理学开山鼻祖周敦颐卒葬于此。

百年宗匠

永修『样式雷』家族

雷发达

（1619—1693），明末清初建筑工匠。字明所，江西建昌（今江西永修）人。清代初年，匠人雷发达应征去北京参加皇宫的建造工作，因为技术精湛高超，受到康熙皇帝赏识，很快被提升为掌班，担任皇室建筑的设计工作。从他开始算起，接下来的一共八代家族传人，承担了主要皇室建筑如宫殿、皇陵、中央官署等的设计和营造。雷家几代人都是清廷"样式房"的掌案头目人，这个建筑师家族被民间形象地称为"样式雷"。

梅棠镇位于永修西北部，属丘陵地带，在气魄雄奇的鄱阳湖西岸。在这片青山碧水间，有个叫梅棠新庄雷家的山村，村子背倚北山，雄峰巍巍耸立，茂林郁郁滴翠，古木翁郁参天。这个山清水秀、人杰地灵的雷村孕育了中国建筑史上的一个世家——永修"样式雷"，为中国建筑史绘上了辉煌的一章。这个家族还被誉为"永修八代'样式雷'，中国半部古建史"。这个开启中国建筑史上世家并成就中国建筑史上辉煌一章的始祖为雷发达。

清代，承办皇家建筑的机构称"样式房"，样式房的主持人称为掌班或掌案，相当于今天的总建筑师或者首席建筑设计师。从康熙朝至清末民初，"样式房"掌班或掌案主要出自雷姓世家，他们以出神入化的精湛技艺，取得了卓越的建筑方面的成就，被世人誉为"样式雷"。

清朝初年，雷发达来到北京参加营造宫殿的工作。因为技术高超，很快他就被提升为掌班，担任设计工作，时人称为："上有鲁班，下有长班，紫薇照命，金殿封官。"其子雷金玉继父业任营造所长班，技艺精湛，深受重用，逐步成长为领楠木作工程及担任样式房掌案的优秀建筑师。自此直到清朝末年，雷发达家族一共八代十余人，世代负责各类皇室建筑如宫殿、皇陵、圆明园、颐和园等的建造。

"样式雷"家族长期为皇家进行建筑设计与营造工作，先后参与或主持设计重建、新建了两宫（北京紫禁城、承德避暑山庄及外八庙）、三海（北海、中海、南海）、三山（万寿山、香山、玉泉山）、五园（圆明园、颐和园、静宜园、静明园、畅春园）、两陵（东陵系列、西陵系列）等许多重要工程。宏伟壮丽的北京故宫、古朴典雅的颐和园，是中国乃至世界古建筑中的瑰宝，其间便凝聚着江西永修雷发达家族"样式雷"的辛劳和智慧。造园起屋之外，雷氏还娴于内外檐装修、点景陈设、舟舆彩棚设计等。他们还是出色的楠木作匠师，或自运斧斤，或承揽门窗、槅扇、家具等细木活计，是名副其实的世守哲匠。

"样式雷"家族还留下了两万多件被称为"传世绝响""民族瑰宝"的"样式雷建筑图档"。2007年，"样式雷建筑图档"被列入"世界记忆名录"。

"样式雷"家族设计巧妙，把平面的设计图通过纸、秸秆、木头等最简单的材料组合变成立体微缩景观，按照比例制作出精细无比的"烫样"。专家认为，"样式雷"建筑图档的存世证明

家规家训

个人篇

为人之本不外孝悌两端，古来大贤大杰都从这里做来，为子弟者在父兄前毋侮毋傲，尽孝尽悌，即或父兄惩责，亦必下气怡声，不可反唇抵触，则父乐有其子，兄乐有其弟，斯一室太和诚为可庆。

——《雷氏家训十则》

心者，万物之本。心术正则人品端。古云，但存方寸地，留与子孙耕，旨哉此言也。近见好讼之徒……遇事生风，妄聚雪桥，欲图微利，早丧心田，凡我子孙为永鉴戒。

——《雷氏家训十则》

御船烫样

"样式雷"祖居

了中国古代建筑绝不完全是靠工匠的经验修建而成的,它充分说明了中国古代高超的建筑设计水平,也填补了中国古代建筑史研究的空白。

清朝中后期,不少西方科技传入中国。"样式雷"主持设计建造的圆明园中的远瀛观、大水法等建筑,已经吸纳了诸多优秀的西洋元素,可谓中西合璧、东西方文化智慧的结晶。这充分说明"样式雷"是与时俱进、不断创新的家族,它毫不墨守成规,拥有生生不息的活力。

经风历雨,两百多年来,"样式雷"世家是如何绵延不绝,始终保持着高超的技艺传承的呢? 或许我们可以从其家规祖训中寻找到答案。

"样式雷"家规祖训中有这么几条:第一是忠厚传家,以艺报国,也就是他们用崇高的建筑技艺来报效国家,为社会服务;第二是不贪不吝、公私分明,他们有一个很重要的指导思想,那就是廉洁奉公,把工作做好;第三是诚信做人、扶危济困,也就是一定要多做善事。

从"样式雷"家族及其后裔的言行来看,他们也一直践行着家规祖训:以一个"诚"字处世，诚实做人，诚恳做事；以一个"精"字立身，精益求精，孜孜追求。经过世世代代的教诲、积累与沉淀，"样式雷"传承着优良的家训家风，成就了其长盛不朽的传奇，而他们崇高的思想品德和情操也为世人所推崇。

 家规家训

家庭篇

万物本乎天，人本乎祖。春秋享祀是报本也，废祭吞公是灭祖也。

——《雷氏家训十则》

古者家有塾党有庠，正所以作养人材，以应国家之用，然必隆师重道，庶学问方有进益。吾族子弟岂无俊秀，为父兄者当择师教训，切勿计较锱铢。即为子弟者亦不宜暴弃致堕书香。

——《雷氏家训十则》

社会篇

桑梓之地务必怕匕自处，以敦亲睦近。见人家子弟举止轻狂，全无半点逊让，或倚父兄之势，或使血气之勇，凡我子孙，允为炯戒。

——《雷氏家训十则》

士、农、工、商，各有一业，天地间成事业者，大要皆从勤苦中得来，因见人家子弟不士、不农、不工、不商，呼朋引伴，酗酒呼众，败坏田产，荒废职业，凡我后嗣，俱宜猛省。

——《雷氏家训十则》

国家篇

圣明之世鸡犬不惊，虽哺羹啜藜，自有余乐，然必完官乃得自如，否则夏税秋粮，寅拖卯欠……坐不安席，寝不安枕，有何益哉。

——《雷氏家训十则》

朋友有通财之义，君子有成人之美，一本之亲务须忧乐相关、有无相济，才是睦族的道理。窃叹世间人，钱财积而不散……范氏义田传为美事。凡我族属各宜勉旃。

——《雷氏家训十则》

家族重要传承人物

■ **雷金玉**(1659—1729),字良生,是"样式雷"第二代传人,也是"样式雷"家族最为杰出的建筑师,曾经担任圆明园楠木作"样式房"掌案,圆明园工程从设计图纸、烫样到营造,都有他杰出的贡献。雷金玉71岁去世后,归葬"江宁府江宁县安德门外"(雷氏一支曾迁居金陵)的家族墓地。

■ **雷家玺**(1764—1825),字国宝,他与长兄雷家玮(1758—1845),字席珍,三弟雷家瑞(1770—1830),字徽祥,三兄弟供职工部样式房。家玺是三兄弟中的翘楚,先后承办乾隆、嘉庆两朝的营造业,操办宁寿宫花园工程、设计嘉庆陵寝工程等。以他们三兄弟为主要骨干形成了第四代"样式雷"的强大阵容。

■ **雷廷昌**(1845—1907),为"样式雷"第七代传人。雷廷昌随父亲雷思起参加定陵、重修圆明园等工程,后独立承担设计营造同治惠陵、慈安和慈禧太后的定东陵、光绪帝的崇陵等项大型陵寝工程。"样式雷"也于雷思起、雷廷昌父子两代闻名遐迩,家族地位更加显赫。

家训家风故事

诚信做人,廉洁奉公

"有心无术,术自心神;有术无心,术自心灭。行术者当先存心。"这是雷思起写在设计稿中的一句话,点明了为匠人者先当立匠心。

习规矩、守规矩是雷家人的必修课。在张宝章等人编的《建筑世家样式雷》中收录了雷思起的一些个人信件，在信件中，他无论是交代手下做建筑业上的事，还是交代家人日常生活琐事，用得最多的一句话就是万万不能出错。雷家人供职样式房，始终恪守"不贪不吝，诚信做人"的原则，"将利心退净，为公而当差"。他们从不额外赚取一文钱财，即使是误收或者少付些许金钱，事后也一定要退还或补付给对方。在谈到"样式雷"家风时，雷家后人口中的高频词还是"规矩"，"做建筑有规矩，做人更要守规矩"。作为皇室御用建筑师，"样式雷"执掌皇家工程，先后参与或主持设计重建、新建了清朝大部分重点工程，但他们从不额外赚取钱财。第七代"样式雷"雷廷昌还以诗言志，"男人要登凌云阁，第一功名不爱钱"，"人间富贵花间露，纸上功名水上鸥"，表达了其廉洁奉公之志。

家风严苛，坚守匠心

"样式雷"家族不仅在建筑方面要求严格，精益求精，对后代子孙的要求更是严苛。正因为谨遵家训，第四代"样式雷"雷家玺才会在弥留之际留下遗嘱，将掌案之职交给手下一个叫郭九的建筑师，而不是自己的儿子雷景修。虽然雷景修最后凭借自己的实力继承了掌案之职，但雷家玺的选择足以证明雷家家风之严：子弟没有能力胜任的时候，掌案一职绝不世袭！这也是其不贪图荣华、坚守匠心的最好证明。

身在朝廷，心系故土

雷发达及其后裔虽然备受世人尊敬，闻名于朝野，但是始终没有忘记故土江西。雷发达临终前交代子孙，要回建昌省亲，不能忘了祖先，要秉承祖训，"诚信为人，勤奋做工"。雷发宣也留下类似的遗训。据康熙五十八年（1719）雷金兆的《雷氏迁居金陵述》记录："甲申冬，父返江宁，已抱老恙，每以不能回乡并祭扫先墓为憾！谓予兄弟曰：'予建昌世族，尚书公后，世代业儒，因遭兵火，流落江左数世矣！观今之势，谅不能回，汝等异日当勉为之。'言之不觉泪下。"

"样式雷"家族始终心系故土，嘉庆十九年（1814）重回故土祭祖并编撰序言，续修族谱。族谱由"样式雷"传人雷景修担任副主修，费时 25 年，苦心苦志，修成大成谱牒，精准翔实地留下家族历史和记忆。翻开《雷氏宗谱》，煊赫两百余年的"样式雷"家族，留下的家训内容无非敬宗睦族、忠诚孝悌，讲究的还是修齐治平的儒士家风，但这些恰恰是传统社会最基本、也最值得继承的价值追求。

在他们家族的墓葬中，也体现了家训思想。这一家族墓地被设计成一艘巨大的船，船头朝向八宝山，船尾朝向玉泉山，"头顶八宝，脚踩玉泉"，他们希望家族传人去世后，能乘着这艘船回到江西老家。

诗书传家

两百多年来，"样式雷"家族始终严格践行家训，世代不堕家风。虽然是工匠世家，却以诗书传家。

"早晚谨慎，官差宜勤不宜怠，衣食宜简不宜裕，共事宜和不宜生，则获无疆之福矣。"

"诸事竭力尽心尽力而为，下功夫学习。总要吃亏才好。慎之慎之。"

在国家图书馆，至今还保存着"样式雷"世家 230 余封家书。他们以家书的形式传递技艺、沟通感情。正是因为家书家训世代相承，不断规范且哺育"样式雷"家族，才使之瓜瓞绵绵，兴旺发达。

"样式雷"族人雷廷昌曾以诗言志：

苦读诗书二十年，乌纱头上有青天。

男人要登凌云阁，第一功名不爱钱。

人间富贵花间露，纸上功名水上鸥。

识破事情天理处，人生何必苦营谋。

"忠厚传家久，诗书继世长。""样式雷"传承的是一种"诚信做人，勤勉治业"的匠人精神，世代追求的是精益求精的治业理念，表现的是一种勤勉做事的工作态度和作风。时至今日，"样式雷"的家训家风，仍持续散发着醉人的芬芳，向后世子孙传导着朴实的正能量，成为哺育后人的精神财富。也正是这样的精神财富，引导着中华子孙勤勉为业，奋发上进，创造出一个个新的辉煌成果！

人文地理

方位

永修地处江西省北部,隶属九江市,南临南昌、北接共青城、东濒鄱阳湖、西倚云居山,自古有"海昏秀域,人杰地灵"之美誉。

交通

永修县交通便利,系赣省南北通衢之要道,古有"洪都门户"之称。

历史

永修古称艾地,秦隶九江郡。汉高祖六年(前201)置海昏县,为建置之始。南朝宋元嘉二年(425)"废海昏,移建昌居焉",改称建昌县。民国三年(1914),因与四川建昌道同名,改为永修县,因境内修水得名,取意"泮临修水,永受其利"。

名人

南宋大教育家李燔、清雍正六年(1728)任沭阳知县的郑显正、现代中国航空先驱王弼等都是永修县的著名历史人物。

风景

永修西北有风光绮丽的庐山西海胜景柘林湖,西南有奇秀天成的佛教圣地云居山,东有吴城鄱阳湖自然保护区。

义薄云天

德安义门陈氏家族

陈彭年

　　(961—1017),北宋音韵学家。字永年,建昌军南城(今属江西)人。雍熙二年(985)进士,官至兵部侍郎。天禧元年(1017),陈彭年病重,迁任兵部侍郎后不久去世,享年57岁。宋真宗亲临他家吊唁,追赠他为右仆射,谥号"文僖"。陈彭年著述丰富,最有价值的是他主持重修的《大宋重修广韵》。这是汉语音韵学中极为重要的一部著作,是研究中国语言中古音的主要依据,也是研究上古和近代语音的重要资料。

　　江西省德安县车桥镇义门村陈姓一族,从唐开元十九年(731)陈旺移家于车桥开始,到北宋嘉祐七年(1062)义门陈氏奉旨分家,历经332年、15代不分家,高峰时期人数多达3900多口。唐中和四年(884)唐僖宗首旌"义门陈氏",后陈家又得到屡朝旌表。欧阳修、苏轼、黄庭坚、朱熹等名儒也大加褒赞,"义门陈"遂名传天下。

　　义门陈氏于德安繁衍生息多年,出现了室无私财、厨无别爨之盛况,更被赞之为"八百头牛耕日月,三千灯火读文章"(宋吕端)。而这一盛况与义门陈氏"至公无私"的家规家训有着密切的关系。

　　义门陈氏家规家训由其第三任族长陈崇所创制的《家法三十三条》《家训十六条》《家范十二则》构成,是一部完整的家族管理制度。其中"家法"侧重规范家族成员的行为,是家族事务的具体管理办法,规定了族产公有、共同劳动、共同分配,核心思想是"均等""和同",体现了"至公无私"的本质与内涵,被当朝奉为"齐家"的典范;"家训""家范"侧重规范家族成员的思想,训导家族成员忠君孝亲、团结和睦、明德修身、禁绝非为,形成良好家风传承后代。整部义门陈氏家族规范集中体现了忠孝仁义的儒家理念,闪耀着传统家国文化的光芒,在维系陈氏义聚中发挥着至关重要的作用,对当时社会产生

义门陈文史馆外景

了重要的影响，许多内容至今仍然有借鉴意义。

义门陈氏还创办了东佳书院，并在东佳书院兴办家族教育，将义门陈氏家规进行弘扬、普及和推广。起源于唐，延续至清末的"东佳书院"在唐宋时曾鼎盛一时，颇得声名。清风朗朗、文思悠悠，义门陈的家规家训也在道德文章中升华，在传承效仿中深入人心，在祖祖辈辈的学而时习中根深蒂固。直至今日，陈氏后人依然重视学习教育，子弟刻苦学习、崇文尚艺蔚然成风。

"忠孝传家久，诗书继世长。"义门陈氏家规家训文化，对陈氏后人的影响意义重大，一代代忠、孝、廉、义的陈氏后人，像陈宝箴、陈三立、陈独秀、陈寅恪、陈潭秋等灿若星辰的历史文化豪俊，让义门陈氏的家谱不断增添骄人的篇章。

家规家训

家规二十条

敦孝悌以重人伦。笃宗族以昭雍睦。
和乡党以息争讼。尚节俭以惜财用。
解仇忿以重身命。训子弟以禁非为。
躬稼穑以知艰难。忍耻辱以保家业。
读诗书以明理义。祭祖宗以展孝思。
亲师友以成德行。慎交游以免损累。
严承祧以息讼端。禁烟赌以杜下流。
置义田以赡贫乏。互守望以防盗贼。
主忠信以植根本。守本分以寡过恶。
务谦逊以迓吉益。辨义利以定人品。

家法三十三条

一、立主事一人、副事两人，掌管内外诸事，内则敦睦九族，协和上下，束辖弟侄。日出从事，必令各司其职，毋相夺论，照管老少应用之资，男女婚嫁之给，三时茶饭，节朔聚饮，如何布办。外则迎接亲姻，礼待宾客，吉凶筵席，迎送之仪，一依下项规则施行。此三人不拘长少，但择谨慎才能之人任之，不限年月。倘有年衰乞替，请众详之，相因择人替之，仍不论长少。若才能不称，仍须择人代之。

二、立库司二人作一家之出纳，为众人之标准，握赏罚之二柄，主公私之两途，惩劝上下，勾当庄宅，掌一户版籍、税粮及诸庄书契等。应每年送纳王租公门费用，表给男女衣妆，考较诸庄课绩，备办差使应用，一依下项规则施行。此二人亦不以长幼拘，但择公平刚毅之人任之。仍兼主庄之事。

三、诸庄各立一人为首、一人为副，量其用地广狭以次安排。弟侄各令首副管辖，共同经营，仍不得父子同处，远嫌疑也。凡出入归省须候庄首指挥给限。自年四十以下归家限一日，外赴须例。执作家役，出入市廛买卖使钱，须具账目回库司处算明，稍不遵命，责以常刑。其或供应公私之外，田产添修，仓廪充实者，即于庄首副衣妆上次等加赏。其或怠惰，以致败阙者则剥落衣妆重加惩治。应每年收到谷斛至岁晚须具各庄账目归家，以等考课，并出库司检点。

四、差弟侄十人名曰宅库人，付掌事手下同共勾当。一人主酒、醋、曲糵等。二人知仓确，交领诸庄供应谷斛，并监管庄客逐日舂米，出入上簿，主事监之。二人知园圃、牛马猪羊等事，轮日抽雇庄客锄佃蔬菜以充日用。一人知晨昏关锁门户，早晚俟候弟侄出入勾当。四人管束近家四原田土，监收禾、谷、桑、柘、柴薪，以充日用。共酌量优劣，一依主庄者次第施行。

五、立勘司一人，掌卜勘男女婚姻之事，并排定男女第行，置长生簿一本，逐年先抄每月大小节气，转建于簿头，候诸房诞育男女令书时申报，则当随时上簿至排定第行，男为一行，女为一行，不以孙侄姑叔，但依所生先后排定，贵在简要。自一至十周而复始。男年十八以上则与占卦新妇，稍有吉宜付主事依则施行求问，至二十以上成纳，皆一室不得置畜仆隶。女则候他家求问亦属勘司酌当。此一人须择谙阴阳术数者用之。

六、丈夫除令出勾当外，并付管事手下管束。逐日随管事差使执作农役，稍有不遵者,具名请家长处分科断。

七、弟侄除差出执作外,凡晨昏定省事,须具巾带衫裳,稍有乖仪,当行科断。

八、立书堂一所于东佳庄,弟侄子孙有赋性聪敏者令修学。稽有学成应举者,除现置书籍外,须令添置。于书生中立一人掌书籍,出入须令照管,不得遗失。

九、立书屋一所于住宅之西,训教童蒙。每年正月择吉日起馆至冬月解散。童子年七岁令入学,至十五岁出学,有能者令入东佳。逐年于书堂内次第抽二人归训,一人为先生,一人为副。其纸笔墨砚并出宅库,管事收买应付。

十、先祖道院一所,修道之子祀之,或有继者众遵之。令旦夕焚修,上以祝圣寿,下以保家门。应有斋醮事,须差请者。

十一、先祖巫室一所,历代祀之。凡有起造屋宇,埋葬祈祷事,悉委之从俗可也。

十二、命二人学医,以备老少疾病,须择谙识药性方术者。药物之资取给主事之人。

十三、厨内令新妇八人,掌庖炊之事,二人修羹菜,四人炊饭,二人支汤水及排布堂内诸事。此不限日月,迎娶新妇,则以次替之。

十四、每日三时茶饭,丈夫于外庭坐,作两次。自年四十以下至十五岁者作先次,取其出赴勾当,故在前也。自年四十以上至家长同坐后次,以其闲缓,故在后也。并令新冠后生二人排布,祗候茶汤等。妇人则在后堂坐,长幼亦作两次,新妇祗侍候茶汤等,其盐酱蔬菜腥鲜出正副掌事取给酌当。

十五、节序眷属会饮于大厅同坐,掌事至时命后生二十人排布祗候,先次学生童子一座,次未束发女孩一座,已束发缩女孩一座,次婆母新妇一座,丈夫一座。至费用物资惟冬至、岁节、清明掌事分派诸庄应付,余节出自宅库,随其所有,布置许令周全者。

十六、非节序丈夫出外勾当者,五夜一会,酒一瓷瓯,所以劳其勤也。尊长取便,仍令支酒人掌酿好酒,以俟老上取给。

十七、诸房令掌事每月各给油一斤、茶盐等,以备老疾取便,须周全。

十八、会宾客,凡嫁娶令掌事纽配诸庄应付布办,其余吉凶筵席,官员远客迎送之礼并出自宅库,令如法周全。仍逐月抽书生一人归支客。

十九、新妇归宁者三年之内春秋两度发遣,限一十五日回,三年外者则一岁一遣,限二十日回,在掌事者指挥,馈送之礼临时酌当。

二十、男女婚嫁之礼聘,凡仪用钗子一对,绯绿彩二段,响仪钱五贯,色绢五匹,彩

家规家训

绢一束,酒肉临时酌当。迎娶者花粉匣、鞋履、箱笼各一付,巾带钱一贯文,并出管事纽配,女则银十两,取意打造物件,市买三贯,出库司分派诸庄供应。

二十一、男女冠笄之事,男则年十五裹头,各给巾带一副,女则年十四合髻,各给钗子一双,并出库司纽计。

二十二、养蚕事若不节制,则虑多寡不均。今立都蚕院一所,每年春首每庄抽后生丈夫一人归事桑柘,中择长者一人为首,管辖修理蚕饲等事。婆母自年四十五岁以上至五十岁者名曰蚕婆。四十五岁以下者名曰蚕妇。于都蚕院内,每蚕婆各给房一间,蚕妇二人同看。桑柘仰蚕首纽配诸庄应付。成茧后,同共抽取,院首将丝绵等均平给付之以见成功。其有得蚕多者,除付给外别赏之。所以相激劝也。其蚕种仰都蚕院首留下,候至春首,每蚕婆给二两,女孩各令于蚕母房内同看。桑柘仰都蚕院均给平者。

二十三、每年织造帛绢,仰库司分派诸庄丝绵归与妇女织造。新妇自年四十八以下各织二匹,帛绸一匹,女孩一匹。婆嫂四十八以上者免。

二十四、丈夫衣妆,二月中给春衣,每人各给付丝一十两,夏各给绨葛衫一领。秋给寒衣,自年四十以上及尊长各给绢一疋、绵五两,四十以下各给丝一十两、绵五两。冬各给头巾一顶,并出库司分派者。

二十五、每年给麻鞋,冬至、岁节、清明三时各给一双。

二十六、妇人脂粉、针花等事,每冬至、岁节、清明仰库司专人收买给付。

二十七、妇人染帛,每年各与染一段,任意染色,钱出库司分派诸庄应付,专择一人勾当。

二十八、草席每年冬库司分派诸庄,每房各给一副。

二十九、立刑杖厅一所,凡弟侄有过,必加刑责,等差列后。

三十、诸误过失,酗饮而不干人者虽书云"有过无大",倘既不加责,无以惩劝,此等各答五下。

三十一、持酒干人,及无礼妄触犯人者,各决杖十下。

三十二、不遵家法,不从家长令妄作是非,逐诸赌博斗争伤损者,各决杖一十五下,剥落衣妆归役一年,改则复之。

三十三、妄使庄司钱谷入于市肆,淫于酒色,行止耽滥,勾当败缺者,各决杖二十,剥落衣妆归役一年,改则复之。

家范十二则

盖闻宗法立而善人多，家道严而纪纲止。人之贤否，相去几许，惟是习俗移人，匪彝灭性。内鲜义方之训，外无师友之规，渐至比之匪人，流为不肖。究其所极，良有慨然！古云：父兄之教不先，子弟之率不谨。敬摭前闻，著为家训，次第胪列于下。

一、孝父母：劬劳悯生我之勤，罔极配昊天之德；春晖寸草，欲报良难。然使能竭其力，不俭其亲，婉容愉色以承欢，砥行立名以养志，人子若此，或亦庶几。若夫爱慕移于妻子，孝敬弛于桑榆，甚至频闻诟谇之声，不顾饔餐之养，灭理丧心，莫此为甚，吾宗子弟，如有此等不孝，即以家法重处之。

二、笃友恭：诗云：凡今之人，莫如兄弟。盖以同气连枝，根夫天性，当思手足之义，毋贻父母之忧。顾或听妇言而致参商，重资财而丧友爱，是自剪其枝叶，何以庇其本根？即伤天和，必招外侮。吾宗子弟，如有以弟犯兄，以兄凌弟者，即经族长处责。

三、忠君国：子之能仕，父教之忠。即叨登进之荣，毋负生平所学。良臣循吏，岂伊异人，国计民生，胥关分内；必明心而不愧，当受宠以若惊。至于食毛践土，共乐春台；凿井耕田，同依化日，务令刑章弗犯，井税无衍；庶几草野之民，稍效尊长之义。

四、别男女：圣王制化，首严内外之闲；儒者齐家，先谨闺房之范。是故叔嫂不通问，男女不同席，明有别也。彼夫帏薄不修，见讥行路；茨墙蒙垢，不齿人群。实古今廉耻之防，亦室家隆替之本。礼严踰阈，易慎履霜，稍越此闲，即屏诸族类。

五、端士习：读书志在圣贤，相士道先器识。启蒙养正，期为名教完人。摘名寻章，终属末流俗学。是故格致诚正，以立其体，齐治均平，以致其用，慎所习也。毋志温饱而自隘远猷，毋侈浮华而不务实用，毋恃才凌物，毋枉道徇人。舜跖之辨，必严孔颜。所乐何事？果能取法乎上，不让古人；即使仅得乎中，亦为佳士。亢宗之秀，岂其河汉斯言。

六、勤本业：汉宣帝诏曰：一夫不耕，或授之饥；一女不织，或授之寒。饥寒交迫，而不为匪者鲜矣。自古王者治世，必使野无游民，人无逸志。农工商贾，承世业于箕裘；机杼桑麻，课女红于宵旦。以故裕国课则追呼之扰无闻，赡盖藏则衣食之源各足。苟恶劳而好逸，必舍正而趋邪。失业则渐至丧心，损人究未能利己也。吾宗弟子，宜知所从。

七、崇节俭：不节则嗟，惟俭乃足。天之生财有数，人之纵欲无穷。苟不谨于平时，何以瞻其急？其要在饔餐随分，毋妄费以速贫；婚嫁有时，不过菲而废礼。谨其出以慎入，既可养廉；酌其余以济人，又足种德。苟取之尽锱铢，用之如泥沙，此智民之所以覆宗，伯有之所以贾祸也。吾宗子弟，宜以为鉴。

八、尚忠厚：刻薄为杀身之本，忠厚为植德之基。故孟子疾机械之徒，老氏守黑白之戒。无欺无隐，可盟天日而对君亲；有忍有容，可养祥和而消横逆。若夫祸心叵测，持鼠首之端；蜜口哈人，试猫腹之剑。以至骨肉皆恶其不情，仆隶亦憎其大忍，元气既竭，殃咎随之。吾宗子弟，尚其戒焉。

九、戒溺女：婴孩疾痛，尚勤保抱之忧；禽兽凶顽，不食同类之肉。男女虽异，同属所生；习俗移人，忘其故杀。此其事多出于妇人，而其权实操之男子。夫慈祥之气，半于养成；残忍之行，由于习惯。既忍其子，何有于人？夫人情靓血刃而惊心，见凶人而避席。何忍操戈同室，冤积覆盆。若以贫苦为辞，岂无保全之法？吾宗尊长，诰诫宜先。

十、黜异端：守法可以保家，明理乃到涉世。欲知训子，莫如读书。俾奉教于师儒，自不干失法纲。若夫左道陷人，异端惑世，妄谓长生可致，劫数可逃。岂知结党会盟，已入白莲之座；拜灯茹素，同迷天主之堂。既失足于局中，难脱身于事外。迨至倡为不轨，挟与同谋，纵思漏网偷生，终当按籍就戮。历观往事，可为寒心。凡我宗人，各宜痛绝。

十一、除恶习：丧德莫大于淫，破产莫甚于博。谁无闺阃，易地则在我何堪？纵有仓箱，轻掷则无盈不绌。甚且因博而成讼累，因淫而酿成杀机。甚所宜力碎枭卢，毋惊庞蜕。至于惑风水而暴亲不葬，薄伦常而弃妇生离，以及健讼为召祸之端，刀笔为伤人之术，符咒不经之事，卑贱无耻之行，咸使屏除，庶为家范。

十二、睦宗族：祖先虽远，不忘秋霜春露之诚；子姓同源，当念收族敬宗之义。在昔邦族既有专官，乡党亦隆宗法。所望克承古谊，垂裕后昆。序齿辨贤，有教惠我子弟；型仁讲让，无怨恫于先人。忧乐相关，有无相恤。萃太和之象，光照宗枋；敦雍睦之风，远承祖武。庶我义门矩矱，自始如新。敢告吾宗，敬之毋忽。

以上所训十二条，举其大略；贤知者固能体此谆谆，中材者慎勿听之藐藐。人贵自立，福由己求，欲知成败之机，不外善恶二途。易曰：积善之家，必有余庆，积不善之家，必有余殃。勿谓善小而不做，勿以恶小而可行。绵绵延延，门闾光大于吾宗，有厚望焉。

家族重要传承人物

■ **陈抟**(?—989),号扶摇子,赐号白云先生、希夷先生,北宋初著名的道家学者、易学家和内丹家。陈抟的思想融合了儒、释、道三家学说,开启了宋代三教合一的思想潮流。陈抟对宋代理学有较大影响,据说理学开山大师周敦颐的《太极图说》,就是由陈抟的《无极图》衍化而来;其《先天图》被邵雍演化为象数体系。

家训家风故事

禁绝赌博

随着家族日益壮大,人口不断增多,义门陈第三任家长陈崇不断完善家法家规,主持制定了《家法三十三条》、《家训十六条》和《家范十二则》。为保证家规家训得到切实执行,陈崇专门建了一个执行家法的场所——刑杖厅,并将"家严三尺法,官省五条刑"作为厅联,以"惩过"为横额,表明"凡弟子有过,必受家法严惩"的决心。

刑杖厅建成不久,义门陈一处田庄的庄首陈魁,从家族库司领了 30 两库银到江州去办事。办完事后,陈魁看到一伙人在赌博,一时手痒就拿出剩下的 3 两银子跟着一起赌。谁知第一次赌博的陈魁竟然运气极好,不到一个时辰就赢了 35 两。回到家后,他将赢来的 35 两银子和剩余的 3 两库银一并缴还了库司。没过多久,家长陈崇查检田庄账册时发现了这一问题。赌博是义门陈家规中明确要求禁止的,即使把赢来的钱全部缴纳库司也不允许。第二天,陈崇邀请族中的长辈、各田庄的庄首到刑杖厅后,命令庄丁把陈魁反扣双手绑进来受罚。当着众人的面,陈崇命人拿出《家法三十三条》读道:"根据家法第三十二条之规定:不遵家法,不从家长令妄作是非,逐诸赌博斗争伤损者,各决杖一十五下,剥落衣妆归役一年,改则复之。"并做出裁决:"念在陈魁初犯家法,且未将不义之财收入私囊,为警效尤,行杖一十五下。"说罢,就令人拿来竹杠执行家法。打过之后,陈崇问陈魁:"你服也不服?"陈魁说:"官法如雷,家法如炉,陈魁一时鬼迷心窍,今日领教了,下次不敢。"此事很快一传十、十传百,使义门陈的子弟都知道家法森严,刑罚无情,再也不敢轻易违背。

陈门大义:老吾老,幼吾幼

有一次,宋真宗诏见义门陈的家长陈延尝,问其家况,陈延尝回答说:"堂前架上衣无主,三岁孩儿不识母,一十五代未分居,农夫不怨耕田苦。"意思是他们家有饭同吃,有衣同穿,聚族为家,以农耕为乐。宋真宗似有不解,问:"子不识母,人生不孝,岂能称义?"陈延尝解释道,义门陈人无论谁家出生了小孩,都集中起来哺育,婴儿饿了,无论谁家的奶母只要碰上了,就会自觉给孩子喂奶。婴儿断奶后,又统一教他们吃饭,在陈氏家族内用餐,有老年席、成年席、学童席和幼儿席。孩子们在幼儿席吃饭长大,有吃的,有玩的,其乐融融,乐不思母,也在情理中。

宋天圣年间,江州大旱,义门陈为了如数交纳国家的税赋,一门3000余口人勒紧裤带,连续3个月靠饮菜羹汤充饥。朝廷得知这一情况后,深为感动,赐给其官粮3000石,以补食用不足。家长陈旭看到周边百姓有的连粥都喝不上,便向官府提出,只接受一半,腾出一半粮食用以救济周边困难百姓。皇帝赞曰:"诚哉义门也。"

在良好家规家训的熏陶下,江州义门陈保持了长时间的兴旺发达。唐宋时期,义门陈创造了15代不分家、全族人口330余年聚族而居、和谐共处的家族奇迹。唐中和四年(884)，唐僖宗旌表"义门陈氏"；宋至道二年(996)，钦差大臣秘阁内侍裴愈奉旨恩赐御书，题"天下第一家"赠义门陈氏。据史料记载，义门陈先后被唐、南唐、宋3个朝代9位帝王20余次旌表。

家风世代传

宋嘉祐七年(1062)，义门陈接到朝廷圣旨要求其分庄，并把族人迁往全国各地，以教化天下。接到圣旨后，义门陈当家人犯愁了，这家该怎么分呢？有人想了个办法，把一口大锅吊到祠堂的大梁上，让它自由落下，摔成几片就分成几庄。结果铁锅摔成了大小291块，于是义门陈3900余口人就分成了291庄，分散到全国72个州郡的144个县。

一门繁衍成万户，万户皆为新义门。虽然义门陈由聚居一处变为散居全国各地，但这并未隔断其家训家风的传承。不论是在江州义门村，还是在全国各地的分庄，不少义门陈后人家里都悬挂着"家严三尺法，官省五条刑"的楹联。这正是义门陈后辈牢记家规家训、赓续良好家风的最好证明。

漫漫的历史长河也未曾冲淡义门陈的家风。明朝时期，在外为官的义门陈后人陈质，年老后辞官回到义门村颐养天年。一日，陈质写字时看到围观的人群中有一个年轻人，帽子歪了，还身穿奇装异服。于是，他就写下了四个字"大可不正"，并有意将"正"字歪写后问道："我写的是几个字？"众人答："四个字。"陈质指着那个戴歪帽子的年轻人问道："这四个字组成两个字怎么读？"众人道："奇歪。"那个年轻人面红耳赤，不好意思地低下了头。于是，陈质重新铺好纸张，笔走龙蛇地写下了"奇服异器莫思玩好，钱财货利勿视泥沙"，并出钱安排人将此训语刻成一碑，立于饭堂，时时警戒陈氏子孙。

人文地理

方位
德安县位于江西北部、九江市南部、南浔线中段，东接共青城市，南邻永修县，西毗武宁县，北接瑞昌市、柴桑区，是江右陈氏发源地。

交通
京九大动脉、昌九城际铁路、福银高速公路、105 国道穿城而过，316 国道穿越西北部的车桥镇。

历史
德安县历史悠久。夏禹治水，"过九江，至于敷浅原"。"敷浅原"即今之德安县。
西汉在敷浅原建历陵县，属豫章郡，东汉仍其名。

名人
宋代名相夏竦、王韶，近代哲学大师熊十力，当今著名科学家"世界杂交水稻之父"袁隆平，影视界著名导演李安等，都是德安人民的骄傲。

风景
德安历史上有著名的"八景"：义峰耸翠、蒲塘落雁、南庄耕叟、金带河流、阳居仙迹、湴塘晓钟、乌石清泉、钓台渔唱，其优美传说已列入九江市非物质文化遗产。

尊儒守礼

浮梁朱宏家族

朱宏

（1130—1210），南宋理学家。字元礼，号克己，江西浮梁县人，沧溪朱氏十三世祖。他年少时聪明颖悟，四处求师访友，闻道解惑。成人后"以明理为己任"，放弃科举考试，刻苦学习圣贤之书。他善于思考，重于实践，治学穷根溯源。朝廷重臣、地方名流纷纷举荐其出仕为官，他辞而不就。中年后，朱宏隐居故里沧溪，一边教授村童，一边著书立说。著有《礼编》《四书图考》《六经义》《有信论异》《惠绥集》等多部著作。

岁月风雨，无情更替，经历史长河的大浪淘沙，多少家族盛极而衰，怅留遗憾。然而，位于瓷茶古邑浮梁正北的沧溪朱氏古村，却一如千年的窑火，历经百代经久不熄；又似漫山的绿茶，迎春焕发生机蓬勃。一千多年来，这里人杰地灵、英才辈出，以"克己崇礼、守正清廉"为核心的家规家训，也口碑相传，享誉江南。

参天之木，必有其根；怀山之水，必有其源。追溯沧溪朱氏的来龙去脉，还有段传奇故事。唐建中三年（782），始祖朱秀由安徽迁至浮梁。朱秀骁勇善战，战功赫赫。越四年，被朝廷紧急征召剿伐西南起义军，辗转征战，英勇牺牲，身首异处。德宗皇帝感其忠勇，追敕为"浮梁开国男"，赐金头与尸身合葬。先祖血染沙场马革裹尸，为沧溪朱氏刻下了一门忠烈的烙印，其子嗣中出现御史大夫朱文强、吏部尚书朱文豪、朝议大夫朱文辅等。到南宋时期，著名理学家、十三世祖朱宏更是通过树家规、建家训、立家法、严家风，坚持循礼向善，促进了整个家族的枝繁叶茂。

宋代以后，沧溪朱氏更以"克己守正，崇礼清廉"为治家之道，教育、引导和激励、鞭策着一代又一代后世子孙，以至人才辈出，文脉昌盛，仅明清两代，就有"三举（人）五贡（生）四十八秀（才）"。浮梁沧溪《朱氏家训》载于《沧溪朱氏宗谱》。朱氏后人摘取始祖朱秀之后的历代先祖治家名言,汇编而成《朱氏家训》。尤其是南宋时期著名理学家、十三世祖朱宏和明朝正德年间安徽池州知府、二十四世祖朱韶,他们注重建立良好家风,通过著书立说,熏陶引导族人,为后世树立楷模。沧溪《朱氏家训》全文650余字,涵盖持家、立业、礼仪、教化、为官、做人等方面的丰富内容,倡导尊儒守礼、克己重德、清正廉洁。

与《朱氏家训》一同传承后人的还有由清朝中晚期的朱氏族人汇编而成的《传家必读诗文集》。该书分上、下卷,现存的下卷收集了94篇治家诗词、警句和故事,以此训诫朱氏子孙忠君爱国、明礼诚信、遵规守法、尊长护幼、勤俭和睦。作为一本治家的好教材,《传家必读诗文集》对教育子孙后辈、涵养朱氏家风和当地民风起到了积极作用。

家规家训

克己

淡泊明志、内省修身,此先贤所以私愿知偿、私恩知报、私怒不逞、私忿不蓄也。

——沧溪村《朱氏家训》

农桑知务,赋税及期,事上无谄,待下无傲,公门无扰,讼庭勿临,非法勿为,危事勿与,此之祖训不可违也。

——沧溪村《朱氏家训》

和睦

族中分门邻间睦,上溯高曾共一源。常念祖宗连水木,勤俭治家建田园。

——沧溪朱氏《传家必读诗文集》

从古家和福运开,人家吵闹便生灾。暗中更被旁人笑,那得还逢好日来。

——沧溪朱氏《传家必读诗文集》

家规家训

崇礼

冠者,礼之始,将以责。为人子,为人弟,为人臣,为人少者之行也。

——朱宏《礼编》

四书六经不可不读,礼仪不可不知也。诗文须以理而为宗,学宫必崇礼之。

——沧溪村《朱氏家训》

守正

为官则正之,臣民则亲也。

——沧溪村《朱氏家训》

国课早完常畏法,好留清白与儿孙。

——沧溪朱氏《传家必读诗文集》

重教

漫将师傅笑寒酸,德色常留苜蓿盘。学业有成都在此,劝君莫作等闲看。

——沧溪朱氏《传家必读诗文集》

先生教诲要遵依之,父母之言不可违也。

——沧溪村《朱氏家训》

年少书生须进学堂,衣冠整洁貌端庄也。

——沧溪村《朱氏家训》

家族重要传承人物

■ **朱买臣**（生卒年不详），朱氏先祖，西汉吴县人，家贫好学，靠卖柴生活。经同乡严助推荐，拜为中大夫。后立下军功，获得汉武帝信任，被封为主爵都尉，位列九卿。《三字经》中"如负薪"的典故说的就是朱买臣。相传，朱买臣在会稽郡任太守的时候，家大业大，非常有钱。他办起事来，总是大手大脚的，毫不拘束，让人羡慕。他虽然有钱，但他家里的生活是非常节俭的，从不乱花一分钱。他非常同情百姓的疾苦，经常把钱拿来救济那些穷苦的百姓，在当地深得百姓的拥戴。

■ **朱韶**(1481—1538),字菊泉,号毕峰,沧溪朱氏二十四世祖,明朝人。朱韶自幼聪颖,8岁能熟读诗句。在父母严厉管教下,他常常鸡鸣时起床背诵诗文。朱韶推崇理学,亲自为世祖朱宏建造蜚英坊以示纪念。明代弘治丁巳年(1497),他在南京举仕,先在安徽贵池县(今安徽贵池区)任推官,后任安徽池州知府。

家训家风故事

朱宏:克己复礼

在朱宏的人生轨迹上,有两个人对他影响十分深远。

一位是国子监司业计衡。

计衡,宋代朝奉大夫,字致平,绍兴进士。他历监察御史,出守池州,转朝奉大夫。因听说国子司业计衡学识渊博,朱宏便同弟负笈前往求教。

第二位是和他同龄的朱熹。

婺源与浮梁山水相连,习俗相近。朱宏非常推崇朱熹这位同龄人。在文学

家规家训

廉俭

男儿欲画凌烟阁,第一功名不爱钱也。

——沧溪村《朱氏家训》

见不义之财勿取之,遇合理之事则从之也。

——沧溪村《朱氏家训》

常常不越朱家训,乡里风俗应淳雅也。勤治节俭必守礼,忠孝廉节铭记心也。

——沧溪村《朱氏家训》

人遗子孙以钱财,我遗子孙以清白。甘守清廉报家国,不为贪赃羞儿孙。

——沧溪朱氏《传家必读诗文集》

观点上，他与朱熹相近，倡导文道一贯之说，强调文道统一，认为道是文的根本，文是道的枝叶，二者不能分开，反对"文以贯道"。在哲学上，他认为在超现实、超社会之上存在一种标准，它是人们一切行为的标准，即"天理"。只有去发现（格物穷理）和遵循天理，才是真、善、美；而破坏这种真、善、美的是"人欲"。因此，他与朱熹共同提出"存天理，灭人欲"，这也是朱熹客观唯心主义思想的核心。

朱宏和朱熹两人志向相投，交往甚密，常常聚首一处，切磋交流。

朱熹认为朱宏"高识笃行，鲜与伦比"，并题其所居住的地方为"克己堂"，学者也称他为"克己先生"。朱宏生平严肃坚毅，对己要求很严，平时在家也要冠带，对于儒学之外的学术思想则视为异端，严加防范，对佛学的一些观点也进行了驳斥。在他的影响下，村里风俗淳雅，人们勤俭守礼。四方学士，敬其品学，来者甚众，可谓桃李满天下，贤名远扬。时任南京刑部尚书、文林郎知宁海曾赞其言："性资教悟，孝友谦恭，不回不执不依，此其赋予天者也。日记数千年，洞撤子史，出入百家，精研义理，其排方外有回澜。"

绍兴年间，朱宏隐居家乡，一边教授村童，一边著书立说。曾著有《礼编》《四书图考》《六经义》《有信论异》《惠绶集》《迥涧》等多部书籍。宋嘉定年间，他病危时，告诫其子说，我死后，安葬祭礼按规定的礼节去办，不要听从世俗迷信。说完，正襟危坐而逝，享年 80 岁。

后人评价他说，像朱宏这样信道笃、崇礼严的人，真乃理学之"天明"。

朱韶：守正爱民

守正，是沧溪朱氏的立身之道，千百年来，宗族人一直崇尚"宁向直中取，不可曲中求；宁可正而不足，不可邪而有余"。明朝正德年间安徽池州知府、二十四世祖朱韶在宏观上定下律令，要求宗族人在思诚方面做到"心无妄念，身无妄动，口无妄言"；在慎独方面做到"内不欺己，外不欺人，上不欺天"，在持家方面做到"不亏父母,不亏兄弟,不亏妻子",劝诫大家守住内心的正直,处理事情公平公正。在微观方面,他又列举种种恶劣品性,一一予以批驳。他认为胡作非为,定遭祸殃;不义之财,莫贪莫枉;酗酒吸烟,宜戒不倡;偷抢讹诈,赌博嫖娼,聚众殴斗,诬告诽谤,此等作为,触犯律章,禁之止之,免讼公堂……他不遗余力地敦促引导大家守正向善。在沧溪古村,至今仍有一座叫"三贡坊"的街亭,街亭由明代朱家的三位贡生出资兴建,因朱韶经常在此劝勉教育子侄后辈,后人又称"训子亭"。

朱韶为官清廉,公正无私,一心为民,所到之处无不受到百姓称赞。现在的安徽池州人将荆树称作"朱家柴",源于朱韶的一次为民之举。当年朱韶在池州为官时,看到当地百姓烧柴困难,便动员家乡父老从沧溪老家采集荆树种子,教当地百姓种植,让荆树成为柴火,免去百姓起早摸黑砍柴之苦。当时的池州百姓为感谢朱韶,把荆树改称为"朱家柴"。

人文地理

方位

浮梁县位于江西省东北部,隶属景德镇市,地处赣、皖二省交界处。

交通

浮梁地处赣东北交通咽喉之地,206国道(景九支线)、皖赣铁路、昌河河道三大交通动脉纵贯全境。

历史

浮梁县勒功乡沧溪村自宋代初期(960—968)建村以来,已有1000多年的历史,是江南水乡典型的古村落。当地特产是"一瓷二茶"。

名人

浮梁英才辈出,如"浮梁开国男"朱秀,其子嗣御史大夫朱文强、吏部尚书朱文豪、朝议大夫朱文辅等,都是浮梁县的杰出人才。

风景

被誉为"江西第一塔"的宋代红塔、有"江南第一五品县衙"之称的浮梁古县衙、被世人称为国际陶瓷文化圣地的高岭古矿遗址等都是浮梁著名景点。

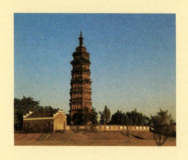

碧云文风

萍乡朱氏家族

朱益藩

（1861—1937），清朝著名书法家。字艾卿，号定园，江西萍乡莲花人，他是末代皇帝溥仪的老师，也曾为光绪皇帝进讲。光绪十六年（1890）进士，先后担任湖南正主考、陕西学政、上书房师傅、考试留学生阅卷大臣。光绪三十三年（1907），朱益藩出任京师大学堂（今北京大学）第六任总监督。宣统二年（1910），任都察院左副都御史，正三品，负责监察、纠劾事务，兼管审理重大案件和考核官吏。

在江西萍乡莲花县琴亭镇花塘村，矗立着一座规模宏大的晚清宫廷式建筑，这座建筑被当地群众称为花塘官厅。这座融江南祠堂及明清文人园林建筑风格为一体的深宅大院，是清末帝师朱益藩的故居。

花塘官厅的大门口，题刻着由朱益藩亲自撰写的一副楹联，上联为"积德勤绍佐时理物"，出自东汉《夏承碑》，意为努力不懈地加强道德修养，辅佐君王治理国家；下联是"建策忠说兴利惠民"，出自东汉《景君碑》，意为建言献策要忠诚正直，做到利国惠民。

"情系家国，心系乡民"是这一副楹联的主旨精神，也是朱益藩一生的写照，同时也体现了朱氏家族的家风特色。在此精神的影响下，朱氏家族"勤学、厚实、睦邻、正直、孝悌"的良好家风得到了很好的传承。

家族重要传承人物

■ **朱益濬**（? —1920），字辅源，号纯卿，江西莲花县人，清末政治人物。朱益藩之兄。光绪三年（1877）丁丑科进士，选翰林院庶吉士，散馆改湖南衡州府清泉县知县。官至湖南辰沅永靖兵备道，护理巡抚，辛亥革命后归里。民国九年(1920)在家中病逝。废帝溥仪追谥文贞。著有《碧云山房存稿》。

■ **朱念祖**(生卒年不详),江西莲花县人,毕业于日本明治大学,曾出任吉安、抚州知府,北京参议院议员,江西省教育厅厅长。

父亲教书法 母亲蒸官帽

朱益藩出生于一个没落的书香世家,自幼聪明好学,细致严谨。其父朱之杰,是咸丰年间进士,非常注重对孩子的教育。在父亲的熏陶下,朱益藩很小就能读书写字。他4岁时,父亲朱之杰作10首训儿诗,写成条幅张挂在墙上,其中"青春原不再,慎勿事游嬉"一句,因书写匆忙,"慎"字遗漏了一笔。朱益藩见状,立即提笔补上。这个举动让朱之杰大为惊喜。

朱益藩6岁时,父亲病故。一家五口人的生活陷入困境。即便如此,朱益藩的母亲仍十分注重对孩子们的言传身教。朱益藩年轻时,其兄弟三人只知读书,每天以文会友,高谈阔论,全不念家庭生计艰难。一次,朱益藩的母亲将其父朱之杰的官帽,放在锅中蒸。兄弟三人吃饭时,开锅一看,非常诧异,不明所以。其母亲说:"你们天天讲读书做官,不脚踏实地怎能成,看看这顶官帽子能吃不?"朱益藩三兄弟领悟了母亲的教诲,在勤奋刻苦读书的同时,坚持劳动,体恤长辈,帮助乡邻,扶危济贫。

父亲的启蒙教育、母亲的悉心教导以及家庭生活的艰辛,让朱益藩更加珍视读书的机会。在村中私塾先生的教授下,朱益藩勤勉刻苦、一丝不苟,打下了扎实的古文和书法功底。据记载,朱益藩家里有一个很大的洗笔池。练字没几年,他硬是将清澈透明的池水变成了一潭墨汁。

家规家训

黎明即起，洒扫庭除，要内外整洁；既昏便息，关锁门户，必亲自检点。一粥一饭，当思来处不易；半丝半缕，恒念物力维艰。

宜未雨而绸缪，毋临渴而掘井。自奉必须俭约，宴客切勿流连。器具质而洁，瓦缶胜金玉；饮食约而精，园蔬愈珍馐。勿营华屋，勿谋良田。

三姑六婆，实淫盗之媒；婢美妾娇，非闺房之福。童仆勿用俊美，妻妾切忌艳妆。

祖宗虽远，祭祀不可不诚；子孙虽愚，经书不可不读。居身务期简朴；教子要有义方。勿贪意外之财，勿饮过量之酒。与肩挑贸易，勿占便宜；见穷苦亲邻，须加温恤。刻薄成家，理无久享；伦常乖舛，立见消亡。兄弟叔侄，需分多润寡；长幼内外，宜法肃辞严。听妇言乖骨肉，岂是丈夫？重赀才薄父母，不成人子。嫁女择佳婿，毋索重聘；娶媳求淑女，勿计厚奁。

见富贵而生谄容者，最可耻；遇贫穷而作骄态者，贱莫甚。居家戒争讼，讼则终凶；处世戒多言，言多必失。勿恃势力而凌逼孤寡；勿贪口腹而恣杀生禽。乖僻自是，悔误必多；颓惰自甘，家道难成。

狎昵恶少，久必受其累；屈志老成，急则可相依。

轻听发言，安知非人之谮诉？当忍耐三思；因事相争，焉知非我之不是？须平心暗想。施惠无念，受恩莫忘。凡事当留余地，得意不宜再往。

人有喜庆，不可生嫉妒心；人有祸患，不可生喜幸心。善欲人见，不是真善；恶恐人知，便是大恶。见色而起淫心，报在妻女；匿怨而用暗箭，祸延子孙。家门和顺，虽饔飧不继，亦有余欢；国课早完，即囊橐无余，自得至乐。

读书志在圣贤，为官心存君国。守分安命，顺时听天。为人若此，庶乎近焉。

妙计赈灾民　直言怼贪官

幼时的经历,让朱益藩深知底层群众生活之不易。为官之后,他处处以百姓为念。

江西是个水灾多发的地方。每当水灾发生之时,朱益藩都会竭尽所能地赈灾。1901 年 6 月,江西遭受特大水灾,时任日讲起居注官、翰林院侍读学士的朱益藩挺身而出,极力向朝廷上折奏请赈灾。朝廷于当月降旨:"着颁发帑银五万两,且批准江西境内贩粮免厘金一年。"此次赈灾中,还发生了这样一件事。当时,正在忙于赈灾的朱益藩,接到兄长朱益濬的书信,称家乡有灾民闯入他任职的湖南桃源县境内,抢劫豪门,其中多人已被衙门拿下,他不知该如何处置。朱益藩深知这些灾民是实在饿极了才会有此行为,便复信道:"三碗大肥肉,一碗红米饭,施与众饥民,名曰巧惩罚。"朱益濬心领神会,当即吩咐衙役按照朱益藩的妙计予以"惩罚"。1921 年,江西再次发生严重水灾。此时,清王朝已被推翻,赋闲在北京居所的朱益藩,听闻家乡灾讯后心急如焚。但因已无官职,他筹款赈灾并不顺利,最后不得不凭借自己是溥仪老师的身份从原内务府借出了百余件书法、名画等稀世珍品办展览,售票所得及各方捐款,全数寄往家乡。

对底层群众十分宽仁的朱益藩,面对官场腐败等问题时则耿直刚毅。1911 年,朱益藩任都察院左副都御史时,湖广总督、满族重臣瑞澄和湖北提督张彪贪赃枉法,弃官逃匿,后又行贿京官。御史台拟议联名参奏,后领头者畏惧权势,踌躇不前。朱益藩挺身而出,独自上奏章弹劾,直言快语,毫无顾忌。碍于社会舆论,当政者不得不秉公而处。

辛亥革命爆发,溥仪逊位后,朱益藩在京闲居。没过几年,袁世凯称帝,多次派人请朱益藩出山,他不为所动。"九一八"事变后,日本人策划成立伪满洲国,要溥仪再称帝。溥仪举棋不定,就请老师朱益藩来商量。朱益藩痛斥此事,甚至跪倒在溥仪面前祈求他。溥仪不听劝阻,在日本的扶持下建立伪满洲国，朱益藩听闻后气愤不已，责令儿孙把溥仪赠的祝寿诗与名画恽寿平《仿李成山水轴》、赵伯驹款《玉洞群仙图》等全部从墙上取下来，以表达心中的不满。

纵观朱益藩的一生，我们可以看到他始终情牵家国、心系乡民，以实际行动践行着"积德勤绍佐时理物，建策忠谠兴利惠民"的信条，因此，他不仅受到了同僚的认可，也受到了乡民的爱戴。

过节先练字　严厉训子侄

对于子侄后辈，朱益藩非常注重教育的方式方法，着力培养他们良好的品行。其外孙陈星文说，外祖父宽厚温和，对家人极少呵责，而威严自显。

朱益藩非常注重孩子的读书学习，尤其强调加强对古文经典的学习。朱益藩认为，学习经典、对话先贤，才能使子女汲取文化滋养、形成良好品行。此外，他还主张"人如其字"，要求子女认真练字。朱益藩的三子朱毓銮，曾做过郭沫若的秘书。他在著书回忆其父时说道，父亲对读书练字要求很严，时常告诫他们兄妹要勤奋研习诗文书画及史料掌故，从中汲取中华优秀传统文化的精神养分，加强道德修养，如此才能做到"积德勤绍""兴利惠民"。在朱益藩家，过春节有一个特殊的传统。正月初一早上的第一件事，就是朱益藩带领全家在红纸上书写"新春试笔，万事如意"等吉祥词语，并逐一对子女所写的字点评后，才进行其他拜年活动。

朱益藩教育晚辈时，十分注意培养他们的规矩意识。北京故宫博物院研究员朱家溍的父亲曾帮助朱益藩举办赈灾书画展览。因这层原因，两家也算世交。据朱家溍回忆，有一次朱益藩来他家做客，看到他喜欢写字，就主动写了一个"弟子规，圣人训。首孝悌，次谨信。泛爱众，而亲仁。有余力，则学文"的影格。写完后，朱益藩嘱咐他道："到书房后，得请示你们的先生，先生准许你写我的影格，你才能写，这是规矩，你懂吧。"

　　一贯温文尔雅、宽厚温和的朱益藩,在教育子女后辈时,也有大发雷霆的时候。他有个亲侄子叫朱沅珙。溥仪在伪满洲国称帝后,这个侄子一再劝他到长春去做官,被他狠狠地骂了一顿。最后,实在无计可施的朱沅珙决定单独前往长春,并央求朱益藩给溥仪写封信推荐自己。朱益藩不仅严词拒绝,还把所有的子侄都叫到一起,严厉地告诫他们谁都不准到长春任职。

人文地理

方位

莲花县位于江西省西部，萍乡市南部，东北与安福县接壤，东南与永新县毗邻，西南与湖南省茶陵县、攸县相连，北面与芦溪县交界。

交通

莲花地处湘赣边界，具有承东启西的区位优势，快捷便利的公路运输网络已经成型。

历史

莲花县历史文化厚重。莲花在秦朝时属安成县治，唐显庆二年(657)，析泰和置永新县，此后莲花一直属永新、安福二县。1912年改为莲花县治；1949年8月，莲花隶属吉安地区；1992年莲花划属萍乡。

名人

莲花县素有"泸潇理学、碧云文章"之美誉。著名人物有元朝名僧、诗人释惟则，明朝文学家、理学家刘元卿，清朝末代皇帝溥仪的中文老师、著名书法家朱益藩等。

风景

玉壶山、高洲水云山、荷塘白竹瀑布群、河江水库等自然风光，石城洞、元阳洞等石灰岩溶洞与复礼书院、仰山文塔等人文景点共同构成旅游胜地——莲花。

汉晋风骨

新余白梅习氏家族

习凿齿

（328—413），东晋历史学家。字彦威，号半山。他曾为东晋大将荆州刺史桓温的幕僚，后受桓温排斥，出任荥阳太守，不久辞官返归襄阳，后不愿为官。习凿齿晚年隐居白梅村，并殁葬于离白梅十余里的分宜枣木山。他以一部皇皇巨著《汉晋春秋》54卷而名垂史册。

习凿齿为晋代名士，原是襄阳人，后携妻带子隐居江南，经万载而至新余定居，为新余白梅习氏始迁祖。经过多年的繁衍，习氏宗族富盛，世为乡豪，英才辈出，习氏一族已然遍布全国各地。这人蔚文隽的昌盛宗族与习氏的优良家风族风有着密切的关系。

习氏的优良家风族风有以下五点：

一、崇尚大统、忠贞爱国

"忠烈家风族风与忠烈文化"是习氏家族在长期的艰苦奋斗中族众精神的历史积淀之果，这种家风族风和文化，大大有利于习氏家族爱国主义精神的铸就。敬仰"忠烈"、崇尚"忠烈"、缅怀"忠烈"，褒扬"忠烈"、学习"忠烈"，是习氏先祖和习凿齿民族精神的具体展现，也是习氏家风族风的一种展现。

二、慎终追远、和谐忠孝

"慎终追远、和谐忠孝"体现在习氏家风族风的方方面面，更体现在习氏的"堂名"上。习氏堂名与习氏家风紧密地联系在一起，习氏一族围绕"和谐忠孝"这一家风，先后立有三个堂，即中和堂、来庆堂、和敬堂。

"中和堂"：为习凿齿二十六世孙习邦信所立，堂中祖位安坐着凿齿公雕像，像旁柱子上，镌刻着一副对联："史笔擅春秋之誉，岘山留沼薮之华。"寓意做人要正直,处世要诚恳厚道;大家都是习氏子孙,相处要和睦。以此来教育后代。

"来庆堂":白梅习氏家族,自二十六世邦鲁公从村东徙居村西(西田)后,人丁兴旺,人文蔚起,族门繁茂。习氏一族约于公元1566年间建起了来庆堂。来庆堂修建规模是三进,堂下人蔚文隽,簪笏及第。金马玉堂儒宦世族,诗书礼乐御墨传家。

"和敬堂":梅田习氏从邦鲁公传至三十八世后,各房门下子孙鼎盛,并均和睦共处,互敬互爱。各房商议后,决定合建一个大祠堂,称为"和敬堂"。近几年来,全国各地习氏子孙云集凿齿故里,清明节祭扫凿齿祖先,相聚在"和敬堂"内祭拜、缅怀始祖的功德,祭意浓浓。

三、注重教育、德行并举

人才来自教育的培养。我们翻开《习氏族谱》可见到历代习氏名人情况:习响,西汉陈相大夫;习承业,博学有才干;习珍,壮烈志士,豪气冲天;习温,识度广大……由此看来,习氏家族不仅注重文化教育,还重视人才的道德培养。习氏一族后传至习凿齿,他更是知识渊博,文风昌华,著作等身。凿齿公始隐于万载设书堂山,后隐于白梅修半山书院,兴办教育,传经授史于学生,并悬挂对联"半榻琴书陶性分,山岭风景畅胸怀"以表自己当时的情怀,也用来

家规家训

诫词原文

悠悠我祖,来自西田,种德贻后,明伦是先。三世未迈,五柯并妍,椒聊蕃衍,瓜瓞绵绵。爰及中叶,源远派分,礼服是守,众善是闻。处事曰义,治生曰勤,俨兮衣冠,乐在斯文。延及衰世,浮俗乱淳,茂败薰德,艾妒兰荃。罕田义路,不入礼门,殃孽洊至,丧败奚言。历历残系,归于故墟,在剥之上,在复之初。既生斯殖,既繁有居,岂不曰戒,鉴此覆车。蛰蛰后裔,累世克昌,行必孝悌,语必安详。敬兹诫言,服膺靡忘,克绍祖德,永远无疆。

感化门生。自习凿齿创办半山学舍后，其门生无不受他的教化，树立起文德兼并的人格，文风世代相传，并由此形成了良好的习氏家风。

四、破男尊女卑、尚男女平等

古代女子讲究三从(幼从父、嫁从夫、老从子)四德(言慎、行敬、工端、容整)，历代都有许多裁定女子生活标准的封建条纲，这成为架在中国女性身上的精神枷锁。在习氏族谱和族谱附著中，却赫然记载着习氏女性的名字、作为和贡献，这是在其他族谱中不多见的。习氏一族破男尊女卑、尚男女平等的主要表征有四：一是载有称赞记述习氏妇女不仅充满政治智慧，而且能廉洁自处、品德高尚的内容；二是载有记述习氏妇女节义与操守的内容；三是在宋代，妇女遭迫害最为酷烈，到了明清时期，"溺女俨然成为风俗"，当此之际，习氏发出了妇女也是人、"反对溺女婴"的正义呼声，并以此作为族规写入家谱中；四是《梅田习氏族谱》一直贯穿着男女平等、废除封建糟粕的思想。

五、行善守孝、敬祖孝悌

千百年来，习氏家族炳继祖先的谆谆家训。《梅田习氏族谱》家训分为家长、睦族、孝亲、立嗣四则。其中孝亲有云："父兮生我，母兮鞠我……欲报之德，昊天罔极。此《蓼莪》之诗所言。欲报父母之德而其恩大如天，去穷不知所以为报也……"再之，河南邓州习氏祖训有云："敬祖宗，睦宗族，敦孝悌，和夫妇，教子孙，尚勤俭，守法纪，禁赌毒，重嫁娶，慎交友，明德行，省自身，倡廉洁，力本业，讲诚信，乐助人，讲实话，干实事，敢作为，勇担当。"由习氏家族谆谆家训看来，习氏一族始终把做人的根本摆在首位，强调"敬祖爱宗，尊老爱幼"。正因为有如此千古家训，才有习氏家族久远流传的家风。

家规家训

箴戒九则

父子箴 子孝父心宽，斯言诚为确。不患父不慈，子贤亲自乐。父母天地心，大小无厚薄。虞舜曰夔夔，瞽瞍亦允若。

兄弟箴 兄须爱其弟，弟必敬其兄。勿以纤毫利，伤此骨肉情。周人赋唐棣，田氏感紫荆。连枝复同气，妇言慎勿听。

夫妇箴 夫以义为良，妇以顺为令。和气千祥来，乖戾百殃应。举案并齐眉，如宾互相敬。牝鸡一司晨，三纲何由正。

朋友箴 损友敬而远，益友宜相亲。所交在道义，岂论富与贫。君子澹若水，交谊情愈真。小人甘若醴，转眼如仇人。

正家箴 正人先正己，治家如治国。先须敬祖宗，慎勿慢亲族。竭力孝父母，小心敬伯叔。长幼必有序，夫妻要和睦。度量要宽洪，见识休局促。莫听妇人言，兄弟伤骨肉。常存君子心，忠厚待乡曲。义方训子孙，宽恕使奴仆。诸物须俭用，凡事要知足。衣食务均平，财物莫私蓄。闺门常谨严，儿女要拘束。家法能整齐，自然天赐福。

守己箴 人皆用机巧，我独守愚拙。有耳静不闻，有口讷不说。失固不为忧，得亦不为悦。谦退戒傲慢，恬淡去躁率。己过自检点，他事不干涉。不轻贱与贫，勿趋炎与热。人心无定期，造物有挫折。生涯肯勤务，衣食自不缺。休贪不义财，莫造无边孽。但行平等事，梦寐心不怯。惟愿子孙贤，继承前阀阅。积德世相傅，绵延比瓜瓞。

保身箴 人本无根蒂，有损多夭折。寿算欲延长，身体贵调摄。言语贵慎省，饮食须撙节。酒色勿食多，贪多体虚怯。思量勿过度，过度气郁结。坐卧莫当风，饥渴宁食热。痰唾勿频吐，剔齿戒掏舌。伤力多损骨，劳心致伤血。爽口思烧炙，积气成应疽。颜色要长好，精神勿轻泄。六脉但安和，百病自然蔑。如此慎保养，何必求仙诀。

勤俭箴 人生天地间，富贵谁不欲。己力不经营，日用安能足。成立最艰难，破荡真迅速。贫贱因懒惰，借贷遭耻辱。俭用胜求人，奢丽莫从俗。男若勤耕种，饥不愁无食。女若攻纺绩，寒不虑衣服。勿谓长少年，光阴如过隙。男长婚事逼，女大嫁期促。双亲老将至，百事相继续。临期欲副用，闲时须积蓄。勉励子而孙，慎勿惮劳碌。

戒赌博 天下惟赌博之途万不可入。一入其中，人品以此败；心术以此败；德业以此败；家赀以此败；贻玷前人，家声以此败；作法不良，后裔以此败；心惊胆战，神色以此败；废寝忘餐，精力以此败；贵贱无等，体面以此败；匪类混杂，门风以此败。有此十败何可轻蹈。子孙其戒之哉，子孙其戒之哉！

家族重要传承人物

■ **习温**,三国时期的一位重要历史人物,为官清正廉明,在朝30年,不以权势自居自傲。其子习宇在历史上留下的为数不多的记载,也是与习温的严格教育紧密相关的。从习温曾经因习宇的奢侈行为而对其进行责罚来看,除了习温本人的高尚情操,也显示了作为"文化世家"的习氏家族在家风教育上对后代的严格要求。

■ **习郁**,《襄阳耆旧记》卷二《习郁传》中记载,他受到大将军山简的器重,从临湘县令提至征南功曹,又转为记室参军。习郁是一个极富才学的人,不论是征南功曹还是记室参军,都归属于文职类的官职,表明习氏家族作为"文化世家",在子孙后代的学识修养方面极为重视。

■ **习辟强**,为习凿齿的长子。《晋书·习凿齿传》记载:"子辟强,才学有

门柱上的家规家风

父风,位至骠骑从事中郎。"习辟强有三子:习安邦、习安国、习安民。其中习安国回到襄阳继承宗祀,另二子留在了江西新余白梅村。

■ **习思敬**,为习凿齿第三十七世孙,洪武二年(1369)迁至河南省南阳府邓县(今邓州市)西堰子老营(大习营村)定居,被尊为当地习氏知祖。后分出西户、北户、南户。

家训家风故事

习英习大智助夫君

《襄阳耆旧记·李衡》中写的是李衡,但其中相当篇幅记述的却是李衡妻子习英习。习英习是有"才气锋爽"之称的习竺之女。

李衡从政,不畏强权,不畏上司的威严蛮横。他初任郎官,就说动了孙权,将其心腹——操弄权柄、罪恶累累的校事吕壹杀掉;他出任太守,多次用法制去约束后来为帝的琅琊王孙休。对此,李衡妻习英习便不时提醒他说:"地位低的使地位高的过不去,关系疏的使关系亲的相互间变疏远,这是招致祸害的路!"李衡不予听从。后来,孙休果然当了皇帝,李衡身处困境,便害怕起来,要叛逃到魏国去。

其妻习英习坚决反对,"知人者智",英习既知李衡,亦知孙休。她对李衡的处境和孙休的心理状况做出了富于哲理的分析,之后,教给了李衡解决的办法。这不仅避免了可能随之而来的灭顶之灾,更使李衡获得了孙休的高度信赖。

李衡在任太守期间,总想干一些增加家庭收入的事,但均遭到其妻英习的反对,直至临死之时他才对子女道出了曾与英习为子孙敛财而论争一事。李衡说:"你母亲讨厌我做增加家庭收入的事,以至于我们家穷成这个样子。

但是我们家乡有'木奴'1000个,有了这些将不愁供应你们衣服、饭食。"李衡死后20多天,儿子将李衡的话禀告了母亲。

英习说:"这当是种植了柑橘的意思吧。你家走失了10个家客,至今已有七八年,一定是你父亲派遣他们另建住宅去了。你父亲经常说,太史公说过:'在江陵种植1000棵橘树,其收入就抵得上一个受有封邑的贵族之家。'我回答说:'士人引为忧患的,是没有德、不行义,而不以不富裕为忧患。如果官位高,却能过不富裕的生活,那才好,用这些柑橘干什么呢?'"

习英习用自己的大智慧辅佐丈夫,很好地处理了君臣之间的关系、家庭贫与富的关系,在其家族传为佳话。

习才良怒劈自家羊

白梅村只要上了年纪的人,一说到习才良先生,都会夸上几句:"才良先生是村里严以律己的好先生。"

习才良(1888—1924),字来试,号明斋。清末年间秀才,凿齿公世下五十一世孙。

才良先生历经清、民国两个不同的时代,当时社会动荡,风气败坏,村中乱砍滥伐现象十分严重,后龙山上树木无存,村民牛、马、羊乱放,肆意糟蹋村民庄稼,粮食几乎无收成。尽管村中制定了村规,但不管用。村中众人推举才良先生管理此事。起初,才良先生看到那种景象,心中也犯愁,觉得无从下手整治。

才良先生家中也养了一只羊。一天,羊挣脱绳索,跑到屋后村民地里糟蹋庄稼。正在地里干活的村民发现是才良先生家的羊后,回来对他说:"你家的羊儿在外犯禁了。"才良先生二话不说,叫村民把羊牵到和敬堂上,右手提着大刀,左手端着一盘铜钱,擂起堂鼓。时值晌午,村民不知此时擂鼓有何大事,于是奔走相告,纷纷集于堂内,走进去一看,才知道原来是先生的羊犯禁了,

随处可见的家规家风

今天要按村规处罚。只见习才良手执大刀,从半空中朝羊腰间猛劈过去,把羊劈成了两半,血溅堂内。才良先生当场对村民说:"今天我家的羊犯禁了,按村规处罚。从今天开始,如果还有谁家羊犯禁了也同样处罚。"

后来,大家陆续把羊儿卖了,牛也不敢乱放了,乱砍滥伐的现象也少了,因为大家知道才良先生会动真格的。

习才良先生严于律己的品质、从我做起的善举,对倡导白梅村良好的风气、稳定地方秩序起到了积极作用。

人文地理

方位

白梅村位于新余市西北 24 千米处，东面与下村镇接界，西面跟分宜县洞村乡接壤，南面至浪高山，北靠北岭双峰。

交通

浙赣铁路横贯东西，上新、清萍、吉新三条省级公路纵横贯穿，东邻京九铁路，南与 105、北与 320 国道相接，沪瑞、赣粤两条高速公路穿境而过。

历史

据史料记载，白梅村的建立发展是从我国东晋时期著名史学家、文学家习凿齿隐居于此繁衍而来，尔后，习氏子孙便在此开枝发叶。

名人

东晋著名史学家、文学家习凿齿，精通玄学、佛学、史学，为避战祸于白梅村隐居。

风景

白梅村是一个有着 1600 余年悠久历史的古村，山清水秀，土地肥沃，阡陌交错，屋舍俨然，新余的母亲河孔目江上游绕村而过，将白梅村勾画成依山傍水的美丽家园。

2019 年 6 月，住房城乡建设部等部委将白梅村列入第五批中国传统村落名录。

俊彦宿学

鹰潭桂氏家族

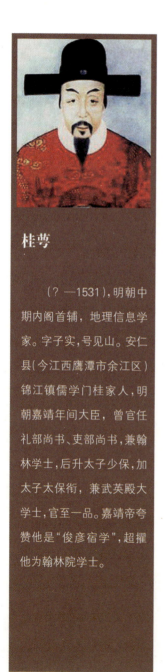

桂萼

（？—1531），明朝中期内阁首辅，地理信息学家。字子实，号见山。安仁县（今江西鹰潭市余江区）锦江镇儒学门桂家人，明朝嘉靖年间大臣，曾官任礼部尚书、吏部尚书，兼翰林学士，后升太子少保，加太子太保衔，兼武英殿大学士，官至一品。嘉靖帝夸赞他是"俊彦宿学"，超擢他为翰林院学士。

根据《桂氏修谱原序》记载，宋初，桂氏自上甲里迁居今锦江玉真山后，家族甚微，南宋末年战乱，家族散居各地。至元朝处士桂梓（号秋山）时家族开始兴盛，到明朝桂华、桂萼一代已成为安仁县（今江西鹰潭市余江区）望族，家族中在籍文武官员 10 多位，桂萼在朝中官至吏部尚书，加太子太保衔，兼武英殿大学士。为管教族中子弟，严明家风家规，桂氏一族特制定桂氏家规家训。

桂氏家规具有鲜明的儒家色彩，其强调孝、悌、忠、信、礼、义、廉、耻，同时重视冠礼、婚礼、丧礼、祭礼，这些与传统儒家强调的道德观、强调的礼义立身是基本一致的。

锦江镇儒学门桂家先祖五代时居住在安仁县二十一都上甲里官坊（今余江区中童镇），宋初，族中俊秀桂轲中咸平五年（1002）壬寅科王曾榜进士，官至朝奉郎、殿中丞，后他举家迁徙到锦江镇玉真山麓。桂氏开始在锦江镇发展。桂轲的儿子桂茂先，字泽夫，仁宗朝三上书，授国子助教，迁石州守。后裔桂常，以文学举王宫教授；桂集，字廷芳，官至建宁知府。南宋末年，战火连年，桂氏家族散亡，桂轲八世孙桂梓重聚家族，振兴家门。至明朝时家族兴旺，人才辈出，桂氏在安仁县 12 名正祀乡贤中有桂华、桂萼、桂宸 3 人，另有官宦 8 人、武举 8

人、义举 5 人（安仁县共 25 人）。其中吏部尚书、武英殿大学士加太子太保桂萼事迹最为突出。桂氏家族的桂华、桂萼、桂宸等俊杰，忠君孝友，急公好义，敦行古道，敢于担当，一直到新中国成立后，儒学门桂家仍家族昌盛、人才济济，其家训家风在锦江乃至余江区至今仍有很大的影响。

家族重要传承人物

■ **桂轲**，宋饶州安仁县（今江西鹰潭市余江区）人，咸平五年（1002）壬寅科王曾榜进士，官朝奉郎、殿中丞，锦江镇儒学门桂家起始公。原居崇义乡上甲里，属贵溪辖，因端拱年间建安邑，乃割属安仁廿一都。

■ **桂梓**，字材甫，号秋山，元饶州安仁县人。幼而机敏，不随常儿戏狎，刻意工字画。事父母至孝，喜读《资治通鉴》，隐逸不仕。初，朝廷以饶产金，募民输金以当赋税，久而慝甚，逃绝数百家。乃与邑侯谋立均金之碑，民甚利焉。揭傒斯赠有诗，洛阳杨公为大书"秋山"二字揭楼之楣。

■ **桂宸**，号横山，饶州安仁县人。幼颖异，不狎群儿。稍长，薄举子业，锐志圣贤，及见督学高一所，此志益确。乃与同去钱洪甫、邹谦之、王公弼讲明正学，王阳明以任重致远期之，构亭集徒，有童冠咏归之趣。以亭山横亘，因以为号。

■ **桂郎**，字玉郎，饶州安仁县人。质颖异，赋忭旷达，于游玩之余攻苦，益力试，辄冠军。为文构思奇特，必求出人意表而止。中顺治辛卯年（1651）举人，屡上公车，以数奇见诎，因绝意仕进，潜心苦学，每构一草，竞相传诵，有纸贵之誉。以兵燹故，其稿不传，士人惜之。

家规家训

家训

诗曰:天生烝民,有物有则。书曰:惟民生厚,因物以迁。是知人非,无良训之,宜亟予季科名。匹夫匹妇,皆仅予怀,何况一家而不训于是?摭古典、采方言浅近易晓者编为十二条,孝悌忠信以训其心,礼义廉耻以训其身,冠婚丧祭以训其俗,予将以此为式古之资,汝后人尤当守此为燕翼之谋,钦哉弗弃。

一曰孝

何为孝?盖孝者,所以事亲也,百行之原,立身之本。圣人训弟子之职,顶头就设,个人则孝。盖以人生皆本于父母,十月怀胎,三年乳哺,推干就湿,扶我鞠我,劬劳万状,苦不可言,真昊天罔极也。古人有见于此,所以冬温而夏清,昏定而晨省,出则必告,反则必面。父母怒、不悦而挞之流血,不敢疾怨。又当起敬起孝也,生事以礼。死,葬之以礼,祭之以礼。故慈乌反哺,羔羊跪乳,禽兽尚知孝道,况人为万物之灵者乎?凡我子孙,当以古人为法,不可流于禽兽惟。

二曰悌

何为悌?盖悌者,所以事长也。孟子曰:徐行后长者谓之悌。不观之物乎?彼竹节之生则有上有下,鸿雁之飞则有先有后,确乎不渝。凡我子孙,务宜相好,无尤取其让,舍其争。世闻最难得者,兄弟必怡怡如也。见尊长,坐则抬身,立则拱手,言则从容,行则随后。长虽愚于我,不可以贤知先之也,虽贫贱于我,不得以富贵加之也。乡党且然,况宗族乎?故尧舜之大圣人亦不外哉孝悌而已矣。后辈之所当知。

三曰忠

忠者何谓也?尽己之心之谓也。事君而不尽其心则为奸臣、为佞臣、为聚敛之臣,当时非之,后世唾骂,轻则斥罢之,重则贴谱之。是必思君之爵禄我者,非徒富贵我也,以作忠望于我也。我知事君者非徒容悦为也,当尽忠报其国也。事干社稷,君曰可我曰否,害在生灵;君曰是我曰非,公而忘私,国而忘家。天下有道则附,疏先后制治于未乱,报邦于未危,为万世之谋,毋为一时之计,斯世多故,则廪灾捍患,为民生保障,为天子干城,为天下之计,毋为一身之谋,此达之忠也。若穷而在下,立行行己,则以不忠日省言焉,而忠信行焉。而忠信,则州里可行也,蛮貊可行也。吾子孙不可不念不忠。

四曰信

信者何而谓也? 循物无违之谓。孔子曰:主忠。子夏曰:与朋友交言而有信。一圣一贤,皆见人当以信实为主。孔子曰:人而无信,不知其可也。信之于人大矣。故鸡非凤比,不爽晓晦之期。雁乃禽类,每守春秋之候,信也。人备五常,兼性善灵于庶物者也。苟有不信,则内斯乎心,外斯乎人。仕焉,不可以获上;治民处焉,不可以悦亲。而信有学为丘文业、为虚伪,亲戚畔之,乡人疑之。圣人云:去兵去食而不去信也。盖以自古皆有死,人无信不立耳。苟能信焉,则阴阳信而两仪运,四时布而万物生,出则君任之为股肱,民依之为父母,吐辞为经,行出为度也,奉为耆艾,敬为神明者,近者任远者,倚豚鱼可感也。吾子孙不得不念不信。

五曰礼

礼者,覆也。不可斯须去身者也。故尧之允恭可让,舜之温恭允塞,禹之祉台德,先汤之罔不止,肃文之敬止,武之敬胜,周公之吐握,孔子之恂恂,孟子之立正位,皆有见是。礼者,在天为天秩,在人为人常,体之则可以为圣贤,失之则同归于禽兽,诚为玉帛之谓也。是故君臣由是,礼则君名臣良;父子由是,礼则父慈子孝;兄弟由是,礼则兄友弟恭;夫妇由是,礼则夫和妻顺;朋友由是,礼则无言不及义。夫得志与民,由之则礼让成俗,礼教成风。不得志则独行其道,明无人非,幽无鬼责,谓其为出入礼门之君,予可也,为礼仪者出,可也。我子孙当守之以礼。

六曰义

义者,宜也。天理之节,文人事之仪则也。孔子曰,"君子喻于义""君子义以为质""君子义以为上"。又曰:"君子有勇而无义为乱,小人有勇而无义为盗。"孟子曰:"亦有仁义而已矣……义,人之正路也……舍正路不由,哀哉!"又曰:"无礼、无义,人役也;尊德乐义，则可以嚣嚣矣。"是圣人千言万语无非欲人由于义也。故义之为君臣也，朋友以义合也，非二者方可以行其义，即至一行一止，一进一退，一取一予，皆当为义。是比富与贵，人之所欲也，非其义也，禄以天下，弗顾也；系马千驷，无视也。贫与贱，人之所恶也，非其义也，一介不以与诸人，一介不以取诸人。孔子不以卫卿之得动心，而退必以义。曾子不以晋楚之富动心，而曰"我以吾义"。孟子不以万钟之禄动心，而曰"舍生取义"。有周恤之义，无害人之心；有自重之义，无足恭之态。如是而谓其为比义之君子可也，谓其为当时之义士可也。我子孙应制之义。

七曰廉

廉者，有分辨临才无苟得之谓也。故以廉名者，非必巢由之人、务光之辈而后可尚也。苟道义无亏，则舜受尧封，禹承舜禅，亦不害其廉。以不廉名者，非必盗跖之为。齐人之行而后为失也，是以原思有宰粟之辞。孔子曰："毋！以与尔邻乡党乎？"受之无害为廉也。齐王有廉金之馈，孟子曰："未有处也……焉有君子而可以货取乎？"辞之足以明廉也。彼不义，兄居恶貌，岂不名廉？然辞兄离母，绝人道之大伦，其廉失之矫。耕稼有莘道乐，尧舜何心于廉？然非道非义，一介有所不取，其廉乃为真廉。如此有志廉者，愿学孔孟伊尹，勿为仲子其廉斯至矣。凡我子孙应以廉自励。

八曰耻

耻者，有羞愧，能有所不为之谓也。孟子曰："人不可以无耻，无耻之耻，无耻矣。"又曰："不耻不若人，何若人有？"有是，耻之于人大也。故钻穴隙相窃，逾墙相从，可耻之事也。虏人国门穿逾境内，可耻之行也。非耻之当戒者乎？先正保衡曰："予弗俾乂，后为尧舜，其心愧耻若挞于市。"用耻之人也，古者言之不出耻，躬之不逮知，耻之士也。非耻之当法者乎？孔子不饮盗泉之水，耻其名之不正也；钟离意不拜金珠之赐，耻其来之不洁也。巢栖而莫辨，禽之所以无耻也；穴处而苟同，兽之所以无耻也。人苟能存得耻字，则愧励激昂，不惟不干刑，宁不愧幽独，希圣希贤亦不难矣。我子孙当以耻自知。

九曰冠

司马温公曰："冠者，成人之道也。"成人者，将责为人子、为人弟、为人臣、为人少者之行也。将责四者之行于人，其礼可不重欤？冠礼之废人矣，近世以来人情尤为轻薄，生子如饮乳，已加巾帽，有官者为之制公服以弄之，过十岁犹总角者益鲜贵也，彼以四者之行岂能知之？故往往自幼至老愚也，如一由不知成人之道也，故人虽成二十而冠，不可猝然变若敦厚好古之君子，俟其年十五以上可通《孝经》《论语》，粗知礼仪之方，然后冠之，斯为美也。善哉。斯言吾子孙当以之为法。

十曰婚礼

夫妇人伦之大，上以承先祖，下以继后嗣，不可不谨。婚配之家，必先请明尊长、合族可否，阀阅不期相称，不可慕其富贵弃其贫贱。贾谊曰："婚妻嫁女，必择孝悌世有行义者。如是则子孙慈孝，不敢淫暴……"凤凰生而有仁义之意，虎豹生而有贪戾之心。无养乳虎，将害天下。妇媳不可不择，甚矣。胡文定公曰："嫁女必须胜吾家者，胜我家，则女之事人必钦必戒。娶妇必须不若吾家者，不若吾家，则妇之事舅姑必执妇道。"若我子孙不问名婚，微贱逆乱之家，贫财私对者，不许与会拜，削谱除名。

十一曰丧礼

丧礼者，人子送终之道，当以哀痛凄悌为本，以衣衾棺椁为念。孟子曰："养生者不足以当大事，惟送死可以当大事。"以人子不可使有后人之悔。虽曰丧事，称家之有无，贫而厚葬，不循礼也。然君子不以天下敛其亲，宁过于厚，不过于薄。古者，父母之丧既敛，食粥齐衰，蔬食饮水，不食菜果；期而小祥，食菜果；又期而大祥，饮区中月而禅饮礼酒。古者居丧无敢公然饮酒食肉。凡我子孙，不得匿丧。成婚不得饮酒食肉，不得暴露不葬，不得变凶为吉，会赴宴席。犯者罪之。且丧礼久废，人家多惑于佛老之云，为死者减罪资福，虚费钱粮。呜呼！父母本无罪也，设有破狱解忏，人子逆取过而加其罪，其为不孝大矣！今宜革之遵守家礼。

十二曰祭礼

曰祭者，报本追远之道也。是以豺祭兽、獭祭鱼，皆知报本，况为人乎？然非仁孝诚敬，不足以与此。孔子所以祭神如神在，又曰：吾不与，祭如不祭。

家训家风故事

誓不徇私　廉洁奉公

桂萼居政时,当时的监场巡按想要偏袒他的门生,诸子委托他的母亲来告诉桂萼,桂萼推开桌子十分生气地说:"你看看我项上人头可还存在? 人头将要不保。胆敢因私家之事不顾朝廷公法? 怎敢因几个毛头小子断了天下贤能之人的路?"抚按想要将古山书院备为兵道,诸子又托其母告诉桂萼,桂萼说:"只要一间祖上留下来的破屋免于抄没便足够了。"

丈量土地　打压势家

桂萼不但屡忤上官,他和一般的胥吏书手的关系也不协调,这种情况在封建社会中实属少见。桂萼在县任职,非常了解缙绅势家及豪强地主欺隐土地逃避赋役的情况,深知赋役不均给朝廷的统治带来的不稳定因素,因之,他积极致力于均平赋役的工作。然而官豪势家总是通过合法或非法的手段,把赋役转嫁到贫苦农民身上。官豪势家不但通过诡寄、飞洒等诸种手法欺隐土地,又独占肥沃的土地,却只按低税率交纳很少的田租,不愿为农民"分粮"和"为里甲均苦"。只要有志于清理赋役积弊、改变不公正状况的州县正官着手于丈量土地或均平赋役,"势家即上下夤缘,多方排阻",使之不能有所作为。桂萼历次任上,都致力于均平赋役。正嘉之际,他任成安知县,排除多方阻难,终于完成了清丈土地的工作,成安"原额官民地二千三百八十六顷五十九亩九分",清丈之后,"均量为大地二千七百八十一顷四分五厘"。丈地之后,桂萼"计亩征粮,民不称累",纠正了当地社民享无税之田、屯民供无田之税的不合理现象。

心系民众　重视教育

"安仁县学"即安仁县小儒学,遗址在今锦江镇冲虚山天主教堂后院。明嘉靖九年(1530),吏部尚书桂萼上疏请求嘉靖帝通令全国修建小学。本县知县钱文筹资在安仁县城东隅冲虚山修建小儒学。小儒学面向城墙,有厅堂4间,内有习礼间,另有读书、算术、听乐的场所。两廊有号房10间,大门3道。小儒学左边是儒学门桂家村,桂萼家族即居住在这里。见山书院也建在儒学门桂家村。

桂萼非常重视教育,嘉靖元年(1522)知成安县,"辟小学,设师儒,立科条以端蒙养"(《钦定四库全书·江西通志》卷八十九),明嘉靖九年(1530)上疏奏请嘉靖帝通令全国各县修建小儒学。他自己身先示范,率先在家乡创办书院,以供本乡子弟读书。桂萼号见山,故书院取名见山书院。嘉靖先御书"清趣"予以赞许,后又以"义理完具"四字赐匾予以褒奖。

桂萼在朝廷为官,书院的事务主要由他哥哥桂华负责,书院之前名古山(桂华字古山)书院。桂华"少颖敏,偕弟萼师事胡敬斋门人张正锐,志圣学,敦行古道"。

心忧天下、忠心为国的桂华

桂华,字子朴,号古山,人称古山先生。"少颖敏,偕弟萼师事胡敬斋门人张正锐,志圣学,敦行古道"(同治版《安仁县志》)。《安仁县志》"儒林"曾记:

姚源盗起,桂华虽不在其位,却"请以赈济粟,募民筑城为捍卫计",积极参与地方事务。宁王朱宸濠谋反时,想拉桂华助己,派兵备王纶罗去游说。恰逢桂华母亲去世,王纶罗"旬日三奠其母灵",桂华揣度出他的用意,依忠孝之义和他交谈,不仅表明了自己的观点,还提醒教育了工纶罗,不愧名儒风范。另据同治版《安仁县志》记载,桂华从王纶罗那里探知宁王反叛的阴谋,于是告知安仁知县,请朝廷檄诸藩直达京师守卫,可谓心忧天下,古道热肠。都御使王守仁讨伐宁王朱宸濠经过安仁,特意登门拜访桂华,与桂华讨论朱陆理学。

人文地理

方位

锦江镇位于鹰潭市余江区西北部,为余江、万年、余干、贵溪四县(区)交界之处,同时也是余干、鄱阳等赣北地区出赣入闽必经之地。

交通

锦江镇处于 320 国道、311 高速公路、浙赣与皖赣铁路稠密的交通网络中心地带,信江黄金水道绕城而过,终年通航。

历史

锦江是信江河岸的千年古镇,历史悠久。锦江古名紫云埠,为古余汗(今余干县)所辖,属扬州。后设安仁县,锦江原为安仁老县城,建县于宋太宗端拱元年(988),锦江自设县开始至1961 年皆为县城所在地。

名人

锦江自古以来人杰地灵,风流人物层出不穷。明朝宰相桂萼威震朝纲,宋朝"华文阁"学士、中奉大夫汤汉名扬宋室,获宋仁宗皇帝赋诗称誉的兵部尚书周旬是乡梓人士的楷模。

风景

安仁八景有孔庙槐荫、玉真墨迹、果老丹池、市心塔影、山后书声、锦江渔坊、黎浦商帆等。玉真书院、锦江书院、见山书院、小儒学、龙门书院、龙溪书院都是历代颇具名气的书院,书香甚浓。

家国情怀

寻乌曾氏家族

曾承显

(1802—1871)，字怀珍，号文弢，江西省长宁县（今江西寻乌县）圹田曾氏第十七世孙。道光十九年（1839），署理上海知县。次年，英军大举进犯上海。为打破英军围困局势，曾承显指挥若定，率领官兵、民团数百人，多次击退英军的侵犯。同治九年（1870），其独子勉礼（时任江苏江浦知县）战死。承显强忍悲痛，手书"为国尽忠，虽死犹荣"八字告诫后人。不久，病逝于无锡任上。

元末明初时期，由于战乱，圹田曾氏开基祖元二郎公由广东兴宁县龙归洞迁居圹田，见此地山清水秀、良田遍布，于是开启了曾氏家族定居圹田村的历史。经过后续的不断发展，到了乾隆、嘉庆时期，圹田曾氏步入家族发展的鼎盛时期。为更好地约束子弟、兴盛家族，曾氏一族广修族谱、制定家规家训。《寻乌曾氏家训》应时而生。

《寻乌曾氏家训》提出族人应"厚宗族""严家范""遵礼教"等，体现了传统道德文化，基本传承了传统的价值观、伦理观与道德观，同时，也包括了为人处世基本方法与规矩，较为深刻地阐述了清代赣南地方大族的修身、齐家之道。俗语有云：家风正，则民风淳；家风正，则政风清。良好的家风更像是一种无言的教育，潜移默化、润物无声地影响着人们的心灵。

家风、家训的传播价值不仅仅体现在口头或书面上的传承，更在于实效。在宗法意识形态占据主流的中国古代社会，家族后辈通常都将先祖制定的家规、族训奉为圭臬，以此来指导自己的行为和实践。有清一代，曾氏家族内部成员通过科举、军功入仕者达百余人，其中不乏廉吏和猛将。对于这种现象，后世的研究者认为与曾氏家族优良的家风不无联系。可见，《寻乌曾氏家训》产生了不小的教育效果与引导作用。

最为值得关注的是,在《寻乌曾氏家训》的条例中,除了遵礼教、务本业、严家范等较为常见的家训内容外,清漕运、急赋税似乎为我们所罕见。由此我们不难看出,在曾氏先祖勤俭持家的背后,始终交织着一种深厚的家国情怀。家是最小国,国是千万家。这种国家利益至上的核心价值观念依然值得我们借鉴,乃至推崇。

家族重要传承人物

■ **曾勉礼**(1830—1870),字德昌,号端甫,江西省长宁县(今江西寻乌县)圹田曾氏第十八世孙,早年追随父亲曾承显在外赴任。英军进犯上海一役,曾勉礼协助父亲办理团练有功,保举为江苏江浦(今南京市浦口区)知县。江浦县在当时是有名的穷县,因其地理位置逼近瓜洲(今扬州市邗江区),与金陵(南京)隔江对峙,在太平天国战争期间,属于军事要冲。曾勉礼上任以来,肃除苛政,裁汰冗员,并下令三年内缓征税粮。江浦县当地百姓感恩其德行,纷纷请求为他建立生祠。同治九年(1870)八月,曾勉礼在与太平军的一次突袭战斗中英勇捐躯。清廷闻讯后,追予其祭葬,并建专祠。

■ **曾行崧**(1832—1901),字秀钟,号幹臣,江西省长宁县圹田曾氏第十九世孙。同治三年(1864)甲子科举人,同治十三年(1874)甲戌科进士(第三甲第 168 名)。光绪二年(1876)代理广东鹤山知县,光绪五年(1879)十月任新宁(今广东省台山市)知县。当时,新宁境内蟊贼横行,海盗猖獗,曾行崧致力于剿匪;形势稍定,又倡导教化,迁建宁阳书院(为今台山市台师高级中学前身)。此外,曾行崧还关心民众疾苦,引导百姓耕山致富,并让家人寄来油木种子,亲自向群众传授种植技术。光绪八年(1883)六月,行崧以双亲年老无人奉养为由,辞官返乡。

家规家训

一、厚宗族 宗族同出一，本务宜和，以昭雍睦；有喜相庆，有患相恤；外侮相保御，切勿以富欺贫，以强凌弱。并勿左祖他人，从中作祟，自破藩篱，失宗族之宜，伤祖先之心。倘族属或有衅端先，须报告族长；房亲从公理论，不得任性使气，詈骂斗殴，擅行兴讼。

二、防渎乱 族属亲疏，本出一祖。生女娶妇，当如同胞而视。切勿稍萌邪淫，以伤祖心，而遭天谴。万一有禽兽之行，执谱呈官，按服制定罪，所谓死有余辜。不得姑容败类，以正伦常风化。凡遇此者，众攻之。若经族逐出，不许归宗，犹为宽纵之甚也。

三、严家范 族内有德行事业，可为师法传述者，当附录其善于谱名之下，以垂不朽；如有恶行，并为败俭灭伦、坏祖先名德者，亦必书为炯戒。但当秉正持公，不得妄行。

四、遵礼教 冠、婚、丧、祭，礼之大者，当依文公家礼行之。毋为佛老异端所惑，致损儒家风范。凡此四者，宜称家之有无。勿夸耀而务名，勿苟简而废礼。过犹不及，总期合宜，而不失礼为是。

五、禁赌博 圣谕诰诫綦严，人皆以为戏耍。一经官府拿获，即为当刑罪犯；况有衣食子弟，初时被人哄诱，稍得银钱，遂生贪心。岂知赢输无定，我欲胜人，人尤欲胜我。迷而不省，卒至荡产倾家无所至。即能操常胜之术，亦是损心害人，岂可以为得计？凡此皆因家教不严，由浅入深。为父兄者，最宜预防切责。平日讲论利害，使子弟晓畅明白，庶无悔也。

六、务本业 富贵虽曰在天，成败实存乎人。上者，奋志诗书，扬名显亲；其次务本力农，经商服贾，亦足谋生成业；下至习艺执杖，以食于人，犹不失为安分良民。若不肖子弟，怠惰纵肆，少壮不力，白首无成。此家门之不幸，更宜痛加惩戒。

七、清漕运 漕运为军国之需，轮值势难缓待。本族上年无赡，每遇造运之岁，则以房粮丁烟分派，各房多有因此而鬻坟产者。辛未，秋，我父受治公痛念族丁难支，慨将己田一千把捐为赡运。族因之复以房粮丁烟，沚添凑买田亩。各房金义殷丁，经收田租。近年造运，悉在公堂办理，族困已甦。惟望各房体保族之怀，不致营私侵克；循守章程，实合族之厚幸耳。

八、急赋税 地丁钱粮，乃国家重务。有田产者，分应急输。凡我族众，各随定额，务宜及早完纳。毋迟延拖欠，害及身家。

——《圹田曾氏族谱》

家训家风故事

曾承显焚烧借据

曾承显早期因经营田贷,略有薄产。族内有一对叔侄曾向他求借白银50两,用作经商之本。后来叔侄俩经商不力,致使血本无归。债限将至,两人相互推诿,都认为经商失败的责任在对方,以至于对簿公堂,请求官府来裁决。曾承显得知此事后,为维持家族内部的和睦,立即赶往官衙,对该叔侄二人进行耐心劝导,并当众焚烧了借据,平息了这场纷争。

曾行崧"孝义驱虎"

曾行崧以孝义著称。其母身染重病,需采得野生金线莲作为药引才能医治。坊间传言,野生金线莲只生长于山涧之中,因常有巨蟒盘踞其上,故采莲之人难以接近。为治愈母亲顽疾,行崧毫不畏惧,终于在深山密林中觅得一株野生金线莲。药引就在眼前,可一只老虎就蹲在一旁,正虎视眈眈地盯着行崧。想到母亲的病情不能再耽搁,行崧鼓足勇气向前,对老虎说道:"吾为母病,来此采药。与尔无怨,岂欲伤我哉!若得药医吾母,即食尔以猪一口。"老虎听完,掉尾而去,行崧即采得药归。待其母身体痊愈时,行崧履行诺言,在集镇买来一头猪,放于村口。一连三日,老虎都没有来。

人 文 地 理

方位

寻乌县隶属江西省赣州市,位于江西省东南端,居于赣、闽、粤三省交接处。

交通

寻乌县水系发达,206国道从北到南纵贯全县。

历史

明朝万历四年(1576)以前,寻乌属安远县。万历四年建长宁县,取长宁久安之义,属赣州府领辖。

民国三年(1914)因避四川省同名的长宁县,县名长宁改为寻邬。

1957年,经国务院批准,县名寻邬改为寻乌。

名人

著名人物有曾氏家族的曾承显、曾勉礼、曾行崧,南宋兵部尚书潘任等。

风景

寻乌山川秀美,景色宜人,在众多的自然和人文景观中,"毛泽东旧居"和"寻乌八景"以其深厚的文化意蕴和独特的自然风貌闻名遐迩。"寻乌八景"分别是"龙岩仙迹""镇山高阁""江东晓钟""文笔秀峰""西巇云屯""桂岭天香""石伞标英""铃山振铎",风采各异。

赣南望族

龙南关西徐氏家族

徐名钧

（1754—1832），字韵彬，号渠园，江西龙南县人。因其在家族六兄弟中排行第四，故当地百姓称其为徐老四。徐老四是靠木材生意发家而富甲一方的富豪。他早年攻科举，但止步于生员；后改为经商，成为江右当时首屈一指的富豪。徐名钧发家后，费时29年，建造了著名的关西新围，给后人留下宝贵的物质遗产。

龙南关西徐氏是典型的客家大族。徐氏家族中著名商人徐名钧于清道光年间建成的关西新围，现为国家重点文物保护单位，至今保存完好，是赣南客家标志性建筑，号称"国内发现保存最为完整，结构、功能最为齐全的代表性围屋"。徐氏家族在科举上也获得了巨大的成功，曾经连续三代有人考中进士。徐氏家族"一门三代翰林"的佳话在科举并不发达的清代赣南产生了重大影响。

龙南关西徐氏家族的家规以法条的形式列于族谱中，具有鲜明的家族法特色。与其他家族家规相比，其主要特点有三：

一是家规经过了知县和知府的审批，具有严格的法律效力。《龙南关西徐氏家规》是中国古代"家国"同构的社会结构的体现，该家规不仅经过了知县和知府的批准，而且，在内容上也以国法为准，对一般社会不允许的偷、奸、抢、骗等犯罪行为规定了严厉的惩罚措施。另外，在家族对成员错误行为惩罚有争议或者觉得家族惩罚无效时，徐氏一族往往会寻求官府的法律救济，家规中多次出现的"送官究治""禀官究治"即是证明。

二是条款较多，内容具体，具有很强的可操作性。整个家训共有24条之多，明确要求族人面对各种具体事情该如何作为。由于家规所规定的事情都是实际生活中容易发生的事情，除了一般的盗、抢、奸、骗之外，还包括了不许阻桀、不许从事卑贱行业、不许侵吞公产等现实生活中容易发生的不法行为，所以，法条虽多但毫无冗繁之感。几乎每条家训都针对不同的情况，列出了相

从梅花枪眼向外眺望

应的奖惩事项，而且奖罚分明，具有很强的操作性与指导性。

三是公正严明，不护短，不隐恶，堪称中国传统社会家族法的经典。家规中令人印象比较深刻的有两点：其一，徐氏家规规定了如果本族与异姓产生争论，且本族无礼，本族绅耆应该"当面斥"，并"礼谢异姓"，这样的规定在其他家族的家规中比较少见；其二，规定了如果族、房长徇私舞弊，则要撤换，"不准其当族、房长言论公事，另举正直之人"。从这两点中不难看出，徐氏家规虽然是一个家族的"法规"，但也追求公正严明，并不是一味地维护家族的私利。而且，在家规中对家丁的不法行为也有相应的惩罚措施，这样的规定，更加显现了徐氏家规的严肃性和公正性。许多学者都注意到了，中国家族法与国家法互为表里，共同构成中国传统社会的"二元法律结构"。但是，许多家族法虽然体现了国家礼法的精神和规定，却容易为一族之私利所蒙蔽，从而难免"护短隐恶"。像徐氏家族如此张扬公正的家族法规是比较完美的，堪称中国家族法规经典。

龙南关西徐氏是赣南著名的名门望族，在科举、仕宦和商业上都取得了巨大的成功，不难推断，这些成功应该和家族中良好的家训家风有内在的联系。

家规家训

一议本族人等，务宜孝悌忠信，各务正业。若刁强不法，顽固不化，竟至不孝不弟者，家法重责五百，以示惩戒。如怙恶不悛，公同禀官重处。

一议本族人等，不许拜会结盟、吃齐抢劫等事，如有其人，即行逐族，永不许入祠。仍指名，呈官重处。

一议本族人等，如有潜入匪徒、捉人勒赎、窝藏会匪盗贼者，查出重责二百。如仍不改过自新，公同呈官究治。

一议居家以正伦常，别内外为本。如有犯奸乱伦，在五服内，有实据实情者，重责四百，逐出族外，永不许入祠；若系服外，即照家法重责。如指奸诓骗、坏人名节、荡人家产者，务宜罚赔家资，公同处治家法，重责二百。倘仍不服，公同呈官究治。

一议不许盗人财物，分人贼赃，并乘风抢劫过客财物，如有被害者伸控房族绅耆者，查系实情，务令犯事之人照所失财物轻重赔补，仍遵家法，重责三百。若交还不足，又无悔心，公同呈官究治。倘有藉口债务，强行抄劫欠债人之财物者，无论欠债有无，概照抢劫例，重责三百。仍要立即限他交回财物与人，并赔补失物等项。

一议既立家法，孰是孰非，各宜遵听绅耆理论，不可恃强欺弱，藉端生衅。身带短刀执械、逞凶开殴、悍不畏死者，家法重责二百，犯尊长者，加倍重处。倘事后仍蹈前辙，公同呈官究治。

一议本族倘与异姓争竞，孰是孰非，必须问清根由，如本族无礼，绅耆当面斥，礼谢异姓；倘异姓无礼，本族绅耆请中保理论，不必恃势凌人。

一议尊长面责妄为犯事者，务必痛改前非，倘敢挟嫌报复，致使好人不敢正言，希图任意滋事，即经房族，家法重责一百。如仍不遵训诲，公同呈官究治。

一议本族系一脉流传，各宜尊亲循理。凡子侄兄弟，或偶有口角，不可借事挑唆成讼；或偶有宴饮，不可藉醉辱骂尊长。如有绅耆干犯此情，公同呈官究治；非绅耆者家法重责二百。

一议房长家丁如有不遵家规者，加倍重处，仍要罚咋其家丁，即宜遵厅绅耆约束。如敢藉端行强、假公济私者，公同呈官究治。

一议本族倘遇外坊贼匪入境抢劫，本族健壮子侄能奋勇出身打仗、堵御地方、杀伤贼匪者，族中给与奖赏。如被贼伤轻者，给与药费调治；重者即于众祭设立忠义牌位，春秋二祭时配祭永享俎豆馨香，以昭激劝。

一议本族人等，时带短刀，一经查出，即将其刀接去，仍告家族贵，罚二十以警将来。

一议本族子孙,毋得身当贱役,倘日后有身当贱役者,即将其人逐族,永不许入祠。如从前有当役者,即著此人自行悔去,若不愿悔去,不发醮祭胙。

一议如有强砍竹木、偷割麦禾、窝人菜蔬作物,并六畜池鱼等物者,照失物多少,即限其人赔补,仍当重责四十;若不愿赔补者,即送官究治。

一议食为民生米谷最重,关西田地狭小,人民繁庶,所赖无呼庚癸者,须藉外方米来,方可饔飧无缺,丰岁尚且不足,凶年其何以堪!水旱天灾,何处茂有?我等既常藉乎人,人亦有时来求于我。平时有外来粜者,断不可阻遏,宜使有无相通,缓急相济。倘本族有阻籴阻粜之人,族间将此人重责二百;倘仍不服,呈官究治。

一议藉奸抄抢者,重责三百,如有不应捉奸之人,挟嫌捉奸,重责一百。倘乘风抄抢,公同禀官究治。

一议尊卑长幼,当循理敦伦,不可小加大,少凌长,竟至越礼犯分,目无伦纪。如有恃强不遵,责罚者呈官究治。

一议族中大小事情,要听绅耆族房长公议施行,其族房长绅耆,亦须存心正直公平。如有存心挟嫌、徇情隐讳、受人贿赂者,不准其当族、房长言论公事,另举正直之人。

一议族中遇有事情,绅耆家丁在家族中来传不到者,一次罚胙一年,不在家及染病者勿论。

一议本族遇有事情,各本房房长预先理论曲直,倘有不遵者,即经族长等理处,若不服则经族正绅耆等公断后,合全禀官重究。

一议族正族长绅耆在祠论事,只许控理事内之人于祖宗堂前跪诉情理,凡属至亲事外者,概不许拥挤上堂插嘴争论,如有其人,即行重责五十。本族有在祠观望者,定限站立皆下两傍,肃耳恭听绅耆议论,一概不准越分乱言族事,如有不遵规矩者,亦重责五十。

一议本族壮丁遇有经族事情,务必在祠厅候,二家各先敬具大烛一对,各备壮丁工资钱二百八十文,传单人工资钱六十文,不准多取。

一议族长至祠内究问二家原由,并未问清之时,即有恃势不耳,因而跑去者,该壮丁即行奴转,重责三十,以为不遵约束者戒。

一议各房置立醮祭及各项公产原期垂之人远,如有盗典盗卖者,以不孝论,将本人经族重责,外亲房仍须邀请房族绅耆,公同呈官究治,追回公产。

以上各条祇,就现在情形,公同酌议。不能书列,以后族中遇有事件,即须遵照律条,公同论断,俾众谨守以无负。

——《关西徐氏族谱》

家族重要传承人物

■ **徐名绂**(1768—1832),字香珏。龙南历史上的第一个翰林院庶吉士。嘉庆四年(1799)进士,散馆改主事,升郎中。嘉庆间两任会试同考官,历官至陕西同州知府。他11岁时选拔读贡生;21岁时参加乡试,考取举人;31岁时参加会试,考取贡士;32岁时参加殿试,为二甲进士,接着又参加了由皇帝主持的朝考,过关后由嘉庆皇帝仁宗钦点进入翰林院,被选拔为翰林院庶吉士。他是龙南乃至定南、全南历史上进士考试名次最前的进士,也是当地第一位成为翰林院庶吉士的进士。在翰林院中,徐名绂掌编修国史,记载皇帝言行起居,草拟有关文件,进讲经史。庶吉士任满3年后,徐名绂出任地方省会官职,先后任福建、贵州的主事,又任江南司员外郎、山东司郎中。在任员外郎时,兼管山东钱法堂(即铸钱机构)的事务,后又两任陕西同州府知府(四品),期间还先后担任过会试主考官及陕西省乡试的监考官。

年迈后功成身退,荣归故里,居于太史第。1832年去世,葬于龙南县。徐名绂教子有方,坚信"有书不读子孙愚"的古训,在他的言传身教下,9个儿子除夭折的儿子外,其余7个儿子学业仕途都大有作为。他的亲侄徐思庄也深受家族影响,成为徐家也是龙南史上第二个翰林院庶吉士。

■ **徐思庄**(1793—1865),字柳臣,号孟舒,晚号游初老人。徐名绂胞弟徐名缃之子,龙南历史上的第二个翰林。嘉庆二十三年(1818)乡试为举人,道光二年(1822)恩科会试第40名贡士,接下来参加殿试为三甲第15名进士。他凭着书法优势挤入朝考,被皇帝钦点为翰林院庶吉士。徐思庄历任户部福建司主事、国史馆纂修、功臣馆提纲等官职,还先后任安徽颍州和湖北安庆知府。后授山东按察使加二级,军功赏戴花翎随带加一级,诰授通议大夫,正三品。徐思庄在书法艺术方面有很高的造诣。他遍临历代名帖,尤其擅长道光时期风靡一时的欧底赵面之字风,后汇百家之长而独成一家,京城称为"徐派",名重一时。据传咸丰皇帝经常召徐思庄入宫为自己讲授书法技法,并尊其为书法老师。以书法自负的曾国藩也十分欣赏徐思庄的书法,并让儿子曾纪泽拜其为师。徐思庄1865年去世,安葬于今南昌市新建区西山。徐思庄教子有方,一妻二妾共生8子,其中6子任职知县以上。

■ **徐德周**(1819—1854),字作孚,号爱泉,徐名绂的侄孙。1819年生于关西徐府(一说县城徐府)。道光二十五年(1845)参加殿试,获进士二甲第48名,也被选入参加朝考并顺利过关,被皇帝钦点为翰林院庶吉士。任期满后改授户部贵州司主事、湖广江南司行走,还任顺天乡试同考官,诰授中宪大夫(正四品)。1854年因病英年早逝,年仅35岁。

家训家风故事

救助贵公子,成就大商业

相传,徐老四早年随父做木头生意,常亏本,暗生悔意。有一年,刚满30岁的徐老四替下了放排贩运木头多年的父亲徐西昌押运木头下南京,几天后,木排便泊在了赣州城外。一迷路的落泊公子因钱物被盗在江边徘徊,穷困潦倒正无奈之际,看到徐老四的木排停在江边,就恳求徐老四顺路搭他回南昌。一路上,徐老四对那少年照顾得十分周到,木排到了南昌,众人因一路疲劳,决定休整两天。徐老四给了些银子给那落泊公子,打发他回家去了。谁知这位公子竟然是南昌知府的儿子,于是徐老四被请到知府家。其间徐老四讲述了自己做生意亏本的经历,知府有感于徐老四慷慨助人,也为报救子之恩,遂给了他一块免税牌,凡徐老四所到之处皆大开方便之门,并予以免税。一时间,许多排贩纷纷依附徐老四,也求他给打上其"西昌"火印商号,徐老四则收商号费,从而盈利滚滚而来。

真诚待匠人,成就大围屋

随着人口的增多,徐氏老围日显拥挤,财主徐老四胸怀大志,生意越做越大,想建一幢集生活、防卫、娱乐为一体的围屋,但苦于找不到烧窑师傅。徐老四四处找人,多方打听,终于在广东兴宁县下龙田乡请到一个当地很有名气的罗姓师傅,徐老四把他请到家中,道明真相,要他抓紧时间,争取早日建窑烧砖瓦。那年,正是乾隆甲子年(1744),气候变化异常,一连几个月都是阴雨连天。到了年关节下,烧窑师傅心急如焚,对着阴雨唉声叹气,心想,过了大半年,没见一块砖的影子,真是愧对东家的盛情款待。快过年了,总得回家一趟,可没烧成砖,又怎好向东家要工钱。烧窑师傅越想越不是滋味,便写了一张便条,留字给徐老四:

> 甲子年、甲子年,
> 雨水又连天,
> 吃了东道的饭,
> 挖坏了东道的田,
> 愧无青砖冒出烟,
> 逢年又过年,
> 想要工钱没脸面,
> 只好卖了牛牯做盘缠,
> 若是要来寻,
> 请到广东兴宁下龙田。

第二天一大早,烧窑师傅卖了炼泥的牛牯,不辞而别。徐老四做生意回来看过便条后,当即派人带了银两送到广东师傅家中,并传话说,这是天气的原因,没烧出砖并不怪罪他。烧窑师傅对徐老四的宽宏大量和仁德感激不尽,一过完年,便携妻儿来到关西。后来,他把技艺传给儿子,他儿子在关西成家后,生了两个儿子,爷孙三代为徐老四烧制砖瓦建造围屋。

此外,当地还流传着许多关于徐老四勤俭持家、低调做人的故事。这些故事虽只是口耳相传,未见史料记载,但却充分说明了一个富翁之所以发家是因为其品性优良。徐老四74岁时,亲自撰写了自己家的分家文书,其中他自述道:"……忆我父创业艰辛,生予兄弟六人,予行四。稍长,俾习诗书,励志上进……无何数荐秋闱,有志未逮,因督理家务……因思遗训曰:尔等家资产业守成,更当开创,予谨佩勿谖。由是竭力摒挡,内主家政课诵,外谋生理。凡洪纤巨细诸务,悉亲自图维……"可见,他早年秉承父亲遗训,不仅要守住家业,还要向外开创局面,不可谓不努力;成功后,他家内家外,事无巨细,都亲自动手,不可谓不勤勉。这是徐氏家族的优良传统,也是赣南客家人的优秀品格。

人文地理

方位

关西镇位于江西省赣州市龙南县城东部，距县城20千米。有"东方的古罗马城堡""汉晋坞堡活化石"美誉的关西新围，受到世人关注。

交通

毗邻105国道、赣粤高速里仁出口，紧邻即将建成的赣深高铁龙南站，交通便利。

历史

关西于宋朝末年徐姓祖先逃难至关西村下燕村小组安居以来，有近800年的历史。明正德年间，南赣巡抚王阳明率兵前往广东平剿三俐时曾在程岭（与定南交界处）一带安营设关把寨，关西正处关隘之西，故名关西。

名人

自古以来，关西人才辈出，有清朝嘉庆年间翰林徐名绂、清朝道光年间翰林徐思庄和翰林徐德周。

风景

关西镇拥有众多的明清古建筑群，具有独特浓郁的客家风情。其中国家重点文物保护单位——关西新围为世界客属第十九届恳亲大会指定参观点。

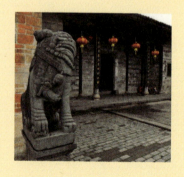

水木清华

靖安况钟家族

况钟

　　（1383—1443），明代江西靖安高湖人，字伯律，号龙冈。出身小吏。永乐时历任礼部主事、郎中。宣德五年（1430）出任苏州知府，严惩贪吏，与巡抚周忱奏请减免苏州重赋。创纲运簿，设置济农仓。连任苏州知府十三年，卒于任。民间尊称其为"况青天"，与宋朝包拯、明末海瑞齐名，被民间尊称为中国古代三大清官。

　　况钟祖上是南宋晚期迁居靖安的况升。况升为南宋末年江西新建西山况坊人（今江西安义县石鼻镇向坊村人）。况升之孙况亮在元代任常州路（今江苏常州）同知，他共有七子，其第六子况懋建为况钟曾祖父，曾出任过县令。其时时局已开始动荡，况懋建知难而退，辞职回乡。靖安况家作为元代统治下政治地位最低等的南人，能够出仕为官极为不易。况钟祖父况渊，饱读诗书，此时天下已是沸反盈天，因此他并未出仕，仅以诗文自娱。元末红巾军起义不断，到处屠杀洗劫富室。靖安况家广有钱粮，在当地树大招风，红巾起义军进入靖安，况家阖门几十口尽屠。后乡人发现年仅6岁的况仲谦（况钟之父）居然幸运地活了下来。

　　乡人黄胜祖是个地主，家有资财，和况渊也是好朋友，见况仲谦孤苦伶仃，又长得伶俐，便将他带归龙冈家里抚养，视如己出，改姓为黄。仲谦从小读书，对功名较淡泊，好山水，享年七十三，他曾对况钟兄弟说："古人言，有田不耕仓廪虚，有书不读子孙愚。耕乃衣食之源，读为立身之本，于斯二者各宜勉诸。"临终之时，又说："况氏之族不绝如缕，承黄氏再造之恩致有今日，何忍背之，尔二子既成立，他日一当复姓归宗，一当永承黄祀，俾两绪并存，吾可含笑入地下矣。"但是明代崇朱程理学，礼部专门监督仪制，身为礼部官员的黄钟欲复祖姓无疑是坏规矩的事。后在朋友的鼓励下，况钟于宣德四年（1429）上奏《请复姓奏》，次年二月获准，其弟黄铺仍姓黄，以不忘黄家顾复之恩。也就在这一年，他走马上任苏州知府。

中国人自古以来就非常重视家训，各族各姓都有自己不同形式与内容的家训，以约束子弟，传承家风。况家也有自己的家训，况家家训起源于况钟。

中国人历来重视家族传承，况钟又是孝子，在他复姓的同时，又遍访况氏宗亲，在现在的江西新建找到了况氏源流，于是他把况家的家族世流也一并接续起来，并重修了家谱，还请了当时的名家诸如内阁首辅杨士奇、吏部尚书胡俨、状元曾棨等为家谱作序。家训则作为况氏的族谱内容之一，一并被逐渐完善起来。

况钟对自己的家人要求十分严格。他曾给自己的子侄写过一首《示诸子诗》，其中就说道："我生际承明，幸厕春官列。虽无经济才，尚守清白节。汝曹俱长成，经史未明彻。岁月不汝

家规家训

家训六则（节选）

家教、持家、冬祭、续谱、互往、祭扫。

家教："风俗之淳漓，人心之邪正系焉。风俗淳则人心跻于三代之真道，风俗漓则人心流于叔季之诡诈。由父兄之教不先，子弟之率因不谨耳。春夏秋冬，当茶会、喜庆，聚集一堂，行礼之后，各支专长，必论以六行，课以六艺，凡所习闻，无非忠厚长者之谈，人心自尔归正，风俗自尔还淳，其有不听约束，怙终不悛、流人匪党者，各支闻公治之。"

持家："士农工商，理宜安业。读者父兄延师，笃志鸡窗，冀登科甲；家者水耕火耨，拮据陇亩，期底丰盈。工则各择率作，务精职业；商则懋迁有无，尘居市井。"

互往："冠婚必贺，丧祭必吊，此卜居以来遵循罔致者也，但宜称家赀之有无，富者不妨过丰，贫者不妨过俭。"

家规家训

家训十五则

一、读书原因进取功名,扩大门闾。嗣后族内有子孙聪颖可读者,宜择师隆俸,以勤教诲;如贫不能读,务众相帮助,无令其自废焉。

二、吾家龙冈公支裔世续奉祀,生给予冠带,乃朝廷崇德报功之盛典也,无令缺乏悬而弗补,亦不得以他支混顶,有违功令。

三、族必有祭,凡姓皆然。我龙冈公特建专祠于县市,官为致祭,此旷典也。奉春秋二祭祭祀。生必须往,执事绅衿以宜偕往,无得失礼,以取议讪于人。

四、惟正之供赋,从则坏输,将恐后义在急公,所有应纳条曹,正宜预备早完,以免敲朴。倘有顽抗拖欠者,经官法究。

五、孝悌为人生之本,伦序乃天理之经。在子弟自应孝顺父母,尊敬长上。倘有忤逆天伦、恃强凌尊、不和邻族者,户长肃治,仍送官法究。

六、礼义廉耻,人之四维。乾惕持循,方免悔咎。倘有乱伦灭序、败坏纲常、形同禽兽者,送官依律重究。

七、赌博乃败家之技,曲蘖为戕生之斧。现奉宪禁煌煌,岂可轻身罹法。倘有酗酒、赌博、三五成群、夜聚晓散者,送官法治。

延,努力无暂辍。圣学苟能穷,斯克续前烈。非财不可取,勤俭用无竭。非言不可道,处默无祸孽。临下必简严,事上务和悦。持心思敬谨,遇事毋灭裂。惟能思古道,方与兽禽别。国家彰宪典,圣言良谆切。书此为庭训,各宜踵先哲。"此时,他正攀上人生的顶峰,自然对家人特别是后辈要求非常严格,所以在修接族谱时,也把对后人的一些要求具体地明列出来,教导他们珍惜时光,学经悟史,勤俭本分理财,敬上严下和睦,始终恪守先人圣贤之家教。修谱的时候他的大儿子况宁也差不多有 30 岁了,他按照父亲的意愿,拟定了六则家训请在苏州的父亲过目修改与审定。

明初是元代后封建纲常伦理重建的一个重要时期,朱元璋十分重视伦理道德建设,以恢复被破坏的汉人忠孝传统,现在很多地方遗留下来的明清祠堂还留有很多"忠廉孝悌"的遗迹。名族家风则大多围绕"孝悌"来做文章,讲忠与廉的不多,所以,况宁制定的六则家训也基本上以此为主。

经况钟审定的"六则家训"主要内容分别为:家教、持家、冬祭、续谱、互往、祭扫。这是况钟孝道思想在族谱中的体现。在族谱当中,这些内容现今仍保存完整,是研究况钟忠孝思想的一个很好的例证。

从这些方面我们可以看出况钟的治家理念:忠厚做人,耕读传家,和睦共生。况氏家训中对持家以外的与社会交往的要求则提得不多,对富裕之道更是不提,可以看出当时作为农耕社会的明代,中国人还处在一个较为封闭的自给自足的生活环境中。家训中对金钱财产关系看得相对较淡,甚至都不提,这也可能与他在多年的官宦生涯中饱尝官场风云诡变有关,更与他一直清正廉洁有关。

八、士农工商,各有本业。勤劳食力,安分谋生,斯为善良。倘有游手好闲,不务生理,飘耍游荡,以致盗窃,送官究治。

九、祖宗坵垅,乃生人根本之地,宜加保护,最忌侵伤。所有各处祖坟,不许夺垅塞道偷葬。违者经官法惩。

十、闺阁内助,宜顺宜勤。贞静幽闲,恪供妇职。如有撒泼轻生自缢者,户长公讯曲直。如虚反坐,经官重究。

十一、祖产收利,酿金生息,以供祭祀,以展孝思,务须遵期清付;倘有侵吞公物拖欠银谷,因而灭祭,是为欺祖。公罚何辞。

十二、治家之道,内外宜严;礼义之族,防范尤谨。倘有囤留异乡人氏住宿于家,则奸宄莫测,贻害匪轻。户长经官法惩。

十三、乔木郁葱,手泽具存,勿剪勿伐,佳气斯钟。倘有恃强盗砍庇荫树木于犯墓塚者,经官法惩。

十四、先人谋划,重在墓址。聚族而居,世守勿替。矧我本墓,从无异姓比间。有将屋墓典卖他姓者,查出,谕令赎回,再加公罚。

十五、婚姻乃王化之始,继立为承祀之经。择配必门楣相对,出继必昭穆相当。倘有苟合混娶螟蛉异姓者,谕令拆离,决不姑贷。

况钟纪念馆

后来，在一次回子侄的来信当中，况钟又题了一首《又勉子侄诗》，对家族家风家规进一步提出要求："存心立品贵无差，子孝臣忠两尽嘉。惟有一经堪裕后，任贻多宝总虚花。膏腴竟作儿孙累，珠玉还为妻女瑕。师俭古箴传肖者，取之不竭用无涯。"从中我们可以看出他对金钱持较为负面的态度，却对中国人历来重视的道德修养、人伦之道非常在意，这与他的人生态度是一致的。

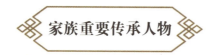

家族重要传承人物

■ **况祥麟**，字皆知，号花矼。清嘉庆五年（1800）举人，官通议大夫。性格严肃，家法严厉，以启迪后进著称乡里。勤于学问，广采博通，所得多为先儒未道者。一生潜心研究六书，对文字学、音韵学颇有造诣。著有《六书管见》《红葵斋笔记》《红葵斋文集》《红葵斋诗集》《类函初集》等。

■ **况周颐**(1859—1926),近代词人。原名周仪,为避宣统帝溥仪讳,改名周颐。字夔笙,一字葵孙,别号玉梅词人、玉梅词隐,晚号蕙风词隐。光绪五年(1879)举人。后官内阁中书、会典馆纂修,以知府分发浙江,曾入两江总督张之洞、端方幕府。其间,复执教于武进龙城书院和南京师范学堂。况周颐以词为专业,致力50年,为晚清四大家之一。

■ **况廷秀**,清代人,况钟后人,编辑《明况太守治苏集》《太守列传编年》等。

家训家风故事

况钟未走科举之路,而是以吏起家。23岁的时候,靖安知县俞益来到高湖龙冈崖口检查瘟疫情况,手下的人对他说,这里有一个少年名叫况钟,写得一手好字。俞益以前看过况钟写的字,确实不错,而他来到靖安当知县还不到两个月,没有合适的书吏,一听到手下人这么说,就动了心思,想面试一下况钟的真才实学。

俞益来到况钟家里,出了一个上联"一扇千须动",况钟不假思索,脱口就答"三梳万发齐"。俞益一听,感到十分惊奇,想不到况钟才思敏捷,对答如流,就当面请他到县衙当一名书史。

况钟在靖安工作了9年,明永乐十二年(1414),况钟32岁,任期满9载,循例赴吏部考绩,经礼部尚书吕震推荐,被破格擢用,授礼部仪制司主事,补正六品部员。况钟在仪制司负责有关皇帝大婚、加冠、册立皇太子、朝贺、大飨、宴飨等极其繁琐复杂的一切重大典礼仪式。虽然这些事情非常复杂,但是况钟每一次都尽心尽力,办得妥妥帖帖,先后受到明成祖朱棣36次嘉奖。

42岁,9载考满,况钟以"贤劳"著称,被越级提升为正四品的仪制司郎中。

况钟经历了永乐、洪熙和宣德三朝。在被封建史学家誉为"仁宣政治"的10年间,明朝政治上颇有一番新气象。宣宗朱瞻基改革的重要措施之一,是对社会危机比较严重的地区即所谓"雄踞地",派出一批廉洁、干练的良吏前往改革。经推荐,况钟被擢为苏州府知府。当时朱瞻基亲自举行了一次宴会,送况钟等9个知府赴任,同时还分别给了敕书,给况钟的敕书是这样的:

> 国家之政,首在安民。安民之方,先择守令。朕临御以来,孜孜夙夜,以安民为心。而比岁田里之民,鲜得其所,究其所自,盖守令匪人。或恣肆贪刻,剥削无厌,或阘冗庸懦,坐视民患,相为蒙弊(蔽),默不以闻。致下情不得上通,上泽不得下施。
>
> 今慎简尔等,付以郡寄,夫千里之民,安危皆系于尔,宜体朕心,以保养为务。必使其衣食有资,礼义有教;而察其休戚,均其徭役,兴利除弊,一顺民情。
>
> 毋徒玩愒,毋事苟简,毋为权势所胁,毋为奸吏所欺;凡公差官员人等,有违法害民者,即具(据)实奏闻。所属官员人等,或作奸害民,尔就提下差人解京。尔亦宜奉法循理,始终不渝,庶负朕之委任。钦哉故谕。

况钟任苏州知府,从宣德五年(1430)七月到任,到正统七年(1442)十二月卒于任上,历时13年之久。在任上,况钟深知"吏民积弊,谓法不立,则吏奸难治,而民终不得蒙其利"。因此,他到任后,首先从整顿吏治入手,严惩了一批欺上骗下、舞文弄法、作恶多端之吏胥。于是"一府大震,皆奉法"(《明史》卷一六一《况钟传》)。接着,况钟雷厉风行地惩办了昆山县(今江苏省昆山市)知县任豫等 11 名查有实据的贪官污吏，并罢免了长洲知县汪士铭等 11 名饱食终日、无所用心之闾冗官吏，奏请吏部另派干练有为之官吏前来接替。同时，他还革除了苏州府各县特设的大批圩长、圩老，这些官员"生事害民，非止一端"。经过整顿，"由是吏民震悚，奉法唯谨，合郡称之曰'况青天'"。由此，这些人不敢再任意触犯封建法纪，吏治变得较为清明。况钟在苏州知府任内，做了三大实事：

（一）减免重赋，均平徭役，与民休息

号称"东南财富之地"的苏州府，在封建王朝和地主官僚的横征暴敛、巧取豪夺下，老百姓"居则无容身之地，出则无投足之乡，死亡交急"，因此，减轻繁重的赋税和徭役，维持老百姓最起码的再生产条件，已成为当务之急。

宣德五年（1430），况钟根据宣宗皇帝减免官田租额的诏令，上疏请减了苏州府官田税粮 72.1 万石。在况钟的力争下，苏州府每年减粮米 162.29 万石，并永为定制。至于民间欠 4 年以上官粮及马草等项，计米 760 余万石，况钟也"请从轻折钞完纳，初未允，后尽除焉"。

明初创立的卫所制度，要求划出一部

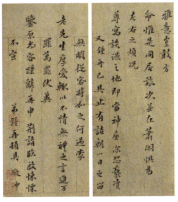

况钟信札

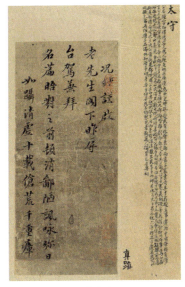

况钟书札

分人为世袭军户,正丁死亡,由其子弟补充缺额;如全家死亡,就到军户原籍勾族人顶替。由于官吏"酷虐害民",因此,补充军籍成为当时苏州府人民的大灾难,他们"动以酷刑抑配平人"(《明史》卷一六一《况钟传》)。况钟奏免被充军籍者160人;役止终身,不累其子孙者1420人。苏州府人民又苦于马役,经况钟"奏准免之"。况钟还定编册籍,均平差役负担,并做了明文规定,从而减轻了人民徭役杂差之负担。

(二)兴修水利,招抚流亡,劝课农桑

苏州府位于太湖之滨,由于泥沙淤积,下流壅塞,以致苏松诸府频年遭到水患。宣德七年(1432)九月,况钟疏请朝廷派遣大臣督郡县官吏于农闲季节发民疏浚吴淞、白茆、刘家三港,从而促进了苏州地区农业的发展,而其"利泽普及邻壤"。

在减免重赋、均平徭役的基础上,况钟还招抚流亡。据《况太守集》载:"民闻风就召者三万六千六百七十户。"如果以平均每户5人计算,估计约有18.3万余人重返家园,况钟"宽其徭役,禁富民理索旧债",使这批回乡的流民,能够在比较安定的环境中从事生产劳动。况钟在《劝农诗》中说:"早纳官租多积谷,防饥防盗乐无荒!"况钟劝农民"早纳官租"和"防饥防盗",对巩固当时统治,恢复和发展社会生产起了一定的促进作用。

况钟于苏州府置"济农仓"平抑粮价,赈济饥民。宣德八年(1433),况钟协同江南巡抚周忱,奏请皇帝批准,设置"济农仓"。除用官钞平籴粮食和向富户商借部分粮食外,他又通过改革运粮办法,共得粮食160万石,作为仓本。每当春夏青黄不接、贫苦农民断粮之时,官府主动借给每户口粮二石,秋后归还,不收利息。"济农仓"设置后,不仅使苏州府广大贫苦农民部分免除了高利贷的剥削,而且在救灾、抵灾中发挥了很大作用。宣德八年夏,长洲、吴江、昆山、常熟四县遭到了严重水灾,况钟除奏免被淹田粮29.52余万石外,又发放"济农仓"米,赈济饥民,"存活数十万人"。宣德九年(1434),苏州府七县遭到旱蝗灾害，况钟又及时发放"济农仓"米，救济灾民，从而使不少民众免受流亡之苦，顺利地渡过了灾荒。

（三）清理积案，平反冤狱，整顿法制

长期以来，苏州府吏治腐败，政治黑暗，地主富豪勾结官府，仗势欺人。他们包揽诉讼，捏造罪名，敲诈勒索，陷害良善，以致封建的法制废弛，假案、冤案堆积如山，从而更加深了人民的痛苦。况钟到任后，首先从清理积案着手。据《况太守集》载："公每一日轮治一县事，未期年，勘问过轻、重罪囚一千五百二十余名。"从此，"吏不敢为奸，民无冤抑，咸颂包龙图复生"。驰名全国之昆剧《十五贯》，并非子虚乌有。《况太守集》云："（公）折狱明断，有奇冤无不昭雪。有熊友兰、友蕙兄弟冤狱，公为雪之，阖郡有包龙图之颂，为作传奇，以演其事，惜一切谳断，不能尽传于世。"《十五贯》就是根据熊友兰、友蕙兄弟冤狱昭雪之事迹铺演而成，故又名《双熊梦》。此剧即是赞扬况钟为民清理积案、平反冤狱之事。

同时，况钟在其他方面的改革措施，如兴修儒学、选拔人才，反对奢侈、提倡节俭，禁止赌博、宿娼、酗酒，等等，也收到了明显效果。

况钟忠于职守，体恤民生，其所进行的改革符合人民群众之愿望，减轻了百姓赋税、徭役负担，使得很多流离失所的农民重新回到土地上，在相对安定的环境下从事生产劳动，从而使衰敝的社会经济重新获得恢复和发展。因此，况钟的业绩在官方和民间都得到了肯定和认可。

况钟治苏 13 年，刚正不阿，执法如山，勤于吏治，廉洁奉公，的确做到了如他自己所说"业业兢兢殚尽寸丹"，受到了苏州百姓的信任和爱戴，曾演绎了"三离三留"的传奇故事，为后人千古传颂。

一离一留

明宣宗宣德六年（1431），况钟出任苏州知府的第二年，因继母去世，按照当时的礼制,他必须离任回家守孝,三年服孝期满后才能出来继续为官。况钟丁忧后,老百姓纷纷请求朝廷准予起复况钟,这一举动几乎成了群众性运动。长洲县的顾荣等37580人向朝廷上了本章,直隶巡按御史张文昌、苏州府同知杨粟、嘉定县(今上海市嘉定区)知县祖述等也联名上奏请求起复况钟。直隶按御史金濂到苏州公干时,又有2000多人向他称道况钟的贤能,请求皇帝在况钟守丧期限未满时即"夺情起复,以慰民情"。朝廷为此下诏命况钟戴孝留任。

二离二留

宣德八年(1433)十月,因苏州知府任期已满三年,照例况钟要进京述职,听候朝廷的安排,这是况钟第二次离任。因况钟政绩优异,苏州百姓怕他升迁离去,当他起程时,许多人都拥到他的面前。有的甚至拉住轿杆,或仆卧路中,舍不得放他走。况钟在进京述职时写下了"清风两袖去朝天,不带江南一寸绵。惭愧士民相饯送,马前洒酒注如泉"等四首诗。

后来,明宣宗去世,明英宗即位。苏州百姓再次联名上书,列举况钟政绩,请求新帝让况钟留任。明英宗为抚慰民心,便答应了他们的要求,仍然委任况钟为苏州知府。当况钟返回苏州时,百姓们唱道:"太守朝京,我民不宁。太守归来,我民忻哉!"这一唱词深刻地表达了苏州百姓对况钟的信任和爱戴。

三离三留

明英宗正统五年(1440),况钟第三次离任。这次离任是因为苏州知府九年任满,照例应官升一级。况钟赴京考绩,朝见明英宗时,苏州百姓依依不舍,自发设帐相送,夹道送行者数百里不绝。朝廷原已任命了新的苏州知府,但是苏州百姓万人联名上书挽留况钟。于是,朝廷决定升况钟为按察使,享受正三品俸禄,继续留任苏州知府,即"升官不升职"。

况钟虽然生活在苏州这个明代著名的繁华之地,可是,除俸禄之外,一文不取,史称"内署肃然,无铺设华糜物""卒而归葬,舟中惟书籍、服用器物而已,别无所有。苏人感叹息之"。正如其自己在正统四年(1439)冬考满赴京,辞别苏州吏民时所作的诗中所说:"检点行装一担轻,长安望去几多程? 停鞭静忆为官日,事事堪持天日盟。"这并非自我标榜之誉辞,而是实事求是之自我写照。

况钟治苏13年中,取得了很大的成绩,可谓享誉一方,可是他对子女的教育却很严格,他不允许家人利用他的权力、影响获利。他的大儿子况宁、二儿子况寰都是郡邑庠生,但都没有走上官场。况钟的长官周忱让他循例同自己一样为自己的儿子纳马得官,他也"冰兢不敢蹑其所为",后来他大儿子况宁回到了靖安。

况钟的大儿子况宁离开苏州回靖安时,一些喜欢拍马逢迎的人送了很多礼物给他,他就在苏州府门口贴出一张红纸,上面写着:奉父严命即日返里,日前蒙赠厚礼,愧不敢受,敬请领回为荷! 那些送礼的人急忙把礼收回去。

当时一个叫苏知州的人知道后,就说"秀才人情纸半张",画了一幅画,然后要在场的人每个人写了一首诗,题在画上作为礼物赠给况宁。这些诗名为《秋江送别诗叙》,系张洪、章珪、赵永言、邵怀义、宋楷、李让、丁鸿、张素、杜琼、钱昌、何澄、柳华诸人手迹。这就是《秋江送别图》的由来。

况钟的四儿子当年因为违反了家规,举家迁往了武宁,可见况钟家规的严厉。况钟的家规家训以及清正廉洁、公道正派的作风在后代甚至整个况姓中发挥了很大的作用。他的后代虽没有他那么大的成就,可也都在平凡的岗位上辛勤工作,兢兢业业,遵纪守法,不敢越雷池一步。

人文地理

方位

靖安县位于江西省西北部，宜春市北部，东邻安义县，南界奉新县，西毗修水县，北接武宁县，东北连永修县。

交通

宜春京九铁路纵贯南北，沪昆高铁、浙赣铁路复线横卧东西；形成以 320 国道、105 国道和赣粤高速公路、沪昆高速公路、武吉高速公路和昌铜高速公路、杭瑞高速公路、大广高速公路为主骨架的公路网络。

历史

秦属九江郡。西汉属豫章郡海昏县。东汉属建昌县。三国、两晋、南北朝、隋、唐，直至五代杨吴，皆沿其旧。南唐升元元年（937）始立靖安县，"析建昌、奉新、武宁三县之地以益之"。

名人

宋代状元刘起龙、"三大清官"之一的明代苏州知府况钟、明代礼部尚书李叔正、清代《白香词谱》的作者舒梦兰、近代著名学者雷祚文等都是靖安名人。

风景

著名景点有赣西北的最高峰九岭尖、白崖山、宝峰寺、虎啸峡观音岩、白水洞、神仙谷、湘鄂赣边区犁壁山苏维埃政府旧址、靖安东周墓葬遗址陈列馆、4A 景区中华传统文化园等。

墨庄遗韵

宜丰天宝刘氏家族

刘体道

（生卒年不详），号云溪，新昌县（今江西宜丰县）天宝乡人，隆庆二年（1568）进士。授行人，转刑部主事，升本部郎中，刚正不阿权贵。明朝万历五年（1577），张居正初起，赏识刘体道才干，用心订交，意欲结为心腹。刘体道婉谢结党，由刑部郎中降任苏州判官。引疾辞官之后，回籍致力乡族教化，亲自订立刘氏家规家训，让优良家风世代相传。他是创立天宝古村刘氏家训第一人。

家风好，家族人丁才能兴旺。有的家族"贵不过二朝，富不过三代"，很快便走向衰落败亡，但刘氏家族自宋朝末年迁至天宝，800多年间英才辈出、十世九宦，诞生了一大批忠于职守、清正廉洁、百姓爱戴的仕宦官员和众多知书达理、精明能干、乐善好施的儒商代表，成为文风昌盛的"江省名宗"。而这正是得益于其世代恪守和秉承的优良家风。

刘氏家族十分注重家庭、家教、家风。一是注重教导子弟从小立志为人，树立正确的审美观、人生观和价值观；二是注重教导子弟重视教育教学，树立商、儒、官"三位一体"的理想抱负与人生追求；三是教导子弟弘扬儒家文化，树立以德为官、诚信经商的思想品德。

天宝自古文风昌盛，"绿野有秋皆稼穑，青灯无夜不读书"正是刘氏族人耕读传家的真实写照。明清两朝，天宝古村共设立"南轩书舍""明伦堂""尚友山房""琢玉书院"等大型书院、讲堂26所，各类义学、私塾、蒙馆等数不胜数，先后培养出进士10名、举人76名、武举11名、诸贡139名，缔造了江西乡试"无刘不开榜"的佳话。

家族重要传承人物

■ **刘炼世**，清朝秀才，表字石庵，人称"石庵公"，经营纸业，富甲一方，置办山林田庄400多处，产业遍布湘鄂赣三省。他虽富甲一方却不忘扶危济困。因山林田庄多与他人相邻，凡有人提出界至异议，一律以他人主张为准，立即割让田地交付，决不与人计较。刘炼世平生乐善好施，用于赈灾济困、修桥补路和各种施捐的白银多达数万两。乾隆年间，他在村外墈背设立水碓作坊一座，用其经营所得专设牙米，逐日施舍，凡有流浪乞丐和本地贫穷断炊人等，一律救济供养，并嘱咐儿孙世代恪守成规勿替。晚年创办"环青园"书院，培育进士2名、举人10名。

■ **刘大成**，清朝乾隆四十六年（1781）进士。64岁高龄授官湖北竹山知县，上任未百日，白莲教徒声势浩大入侵县境，竹山素无城防，守军又被调往湖南剿匪，只留百余兵士守城，百姓一时恐慌不已。刘大成百般安抚民众，当即把家族馈赠的大笔"养廉银"悉数捐献出来，用于招募兵勇、购买军械，并亲自率兵扼守县境要冲武阳堡，与反兵交战。由于双方力量悬殊，竹山县城终被攻陷。刘大成留下"吾官斯土,与存与亡,分也!"的遗言后,自杀殉职。

■ **刘学海**,武举义士,曾挺身而出保卫乡邻。清朝武举,表字标榜,乡党昵呼"标武举",为天宝大儒商刘炼世之孙。嘉庆三年(1798),天宝西北义宁县(今江西修水)蓑衣洞闹土匪,声势浩大,意欲攻打天宝,进犯宜丰。天宝乡民恐惧,纷纷弃家逃难。"标武举"挺身而出安慰乡民:"我愿出资招募乡勇,一队驻扎八叠岭以挡贼势;一队驻扎大姑岭,与八叠岭连成首尾之势;一队驻扎找桥,捍卫天宝肩臂门户。"贼匪来犯,三队乡勇奋起抗击,必无大碍。乡民闻言,犹豫不决,"标武举"复又晓谕:万一战败,我家还有银库,到时我将大开库门,乡亲们取银再逃不迟。乡民吃下定心丸,依计而行,果然天宝固若金汤。

■ **刘国柱**,清道光十七年(1837)举人,授任四川江油知县。咸丰十一年(1861),反兵入侵邻县绵安,江油告急。当时刘国柱已卸任知县,听闻反讯,断然取消回乡归养计划,带领陪侍在任的一侄一孙,加入当地百姓组织的保境团练,并担任头领。祖孙三代,随团驻扎在县城南面二郎庙中。待到反兵来犯,刘国柱老当益壮,亲率团练给反兵以迎头痛击,一侄一孙奋勇向前,不输老翁。无奈突围之时寡不敌众,终告战败。刘国柱祖孙三代人坚持战斗到最后一刻,先后殉难。祖孙三人马革裹尸回乡之日,江油百姓痛哭于路,相送十里。朝廷闻奏,降旨赐予世荫,入祀江西省昭忠祠。

家训家风故事

"养廉银"的来历

明朝隆庆二年(1568),天宝刘氏族人刘体道高中进士,授刑部郎中。其居于京城所耗颇多,俸禄微薄较难维系。而刑部之事牵扯甚广,贪贿之事常有,其父担心体道把持不住,堕于贪腐,遂变卖田产,寄银3000两供其日常开支花销,意在勉其清正为官。后体道辞官回乡,致力宗族教化,感其父亲良苦用心,便召刘氏族人,立下规矩,凡外出为官者,日常花销皆由刘氏宗族负担,上任务必清正廉洁,尽心为民,不得有辱先祖。从此,"养廉银"的做法世世相传,代代遵循,刘氏后人为官者以百计,然鲜有失节者。

"刘公麦"的故事

清朝康熙年间,天宝举人刘之英授官广西桂平知县,他是引进广西小麦种植第一人。到任之后,他了解到桂平主产水稻,农作物品种单一,一旦水稻生长期内遭遇水旱灾害,损失难以弥补。联想到当时家乡江西主产水稻、辅以种麦,刘之英便大力引导桂平农民栽种小麦。经过多年试验,小麦在广西全境得到推广,农民收入大有提高,广西农民亲切地把小麦称为"刘公麦",并在刘之英离任后,为他建立了一座生祠,永久纪念。

"掘井救民"的佳话

清朝嘉庆年间,天宝举人刘如玉教书 30 余年后,被选拔为知县,分发湖南,历任宁远、湘潭知县和茶陵直隶州知州。咸丰四年(1854),太平军围攻宁远县城,城中缺水,满城百姓危在旦夕。时任知县的刘如玉率领百姓掘井,久不得泉,危急之下,虔诚拜祷,泉即涌出,当地百姓感恩不已,深情地将该井取名为"刘公井"。

"篾席育人"的功德

清朝同治年间,天宝进士刘拱辰调任河南南阳知府后,为审案需要,别出心裁地把公堂屋顶漆成红色,还在堂前地上铺设两块篾席。如遇父子失和或兄弟相争,便让晚辈或年幼者跪于篾席之上,罚背《孝经》,或者详细讲解《孝经》大义,旨在取其"篾"与"灭"同音之意,晓谕"为人不行孝悌,天诛地灭"之理。诉讼人等经刘知府巧妙教化,幡然明理、悔过思过、自求息讼者不计其数。刘拱辰积劳成疾,终于任所后,百姓感其功德,遂将公堂之上的篾席称为"刘公席",这也正是如今南阳府衙博物馆仍然陈设两块篾席的由来。

人文地理

方位

宜丰县位于江西省西部（赣西）北九岭山脉南麓，天宝古村（即现辛会村、辛联村）位于江西省宜丰县北部。

交通

宜春京九铁路纵贯南北，沪昆高铁、浙赣铁路复线横卧东西；形成以320国道、105国道和赣粤高速公路、沪昆高速公路、武吉高速公路和昌铜高速公路、杭瑞高速公路、大广高速公路为主骨架的公路网络。

历史

天宝之名始于唐，取其地"绿波清浪，物华天宝，驾重洛阳"之意。三国东吴时在此设宜丰县，至唐代设县治达四百年之久，故称"古宜丰治"。

名人

天宝古村是历史名人、科举人士辈出之地。明朝隆庆二年（1568）进士、刑部郎中刘体道，清朝秀才、人称"石庵公"的刘炼世皆为天宝古村刘氏家族名人。

风景

天宝古村地理位置优越，自然的船形地貌，独特的自然环境，东南有东水西流、弯山绕城的护城河，西有藤江河，北面有古城墙遗址。天宝古村曾以"三街六市、六门十三第、内外八景、四十八条巷、四十八口井、四周竹城墙、四季马蹄香"饮誉江南，有"小南京"之称。

儒门风雅

奉新华林胡氏家族

胡直孺

（生卒年不详），字少汲，晚号西山老人，奉新（今属江西）人，胡仲尧曾孙。宋绍圣四年（1097）进士，曾任刑、兵、吏三部尚书兼侍读，封金紫光禄大夫、龙图阁大学士、上柱国、开国公，赠端明殿大学士。其诗为黄庭坚所赏，著有《西山老人文集》，已佚。《直孺公传家录》是胡直孺在宋绍兴七年（1137）写成的，被华林胡氏视为历史上最有代表性的家训。

华林胡氏发祥于江西奉新华林浮云山麓，始迁祖是南朝刘宋名将胡藩。胡藩以战功赐土豫章之西，爱新吴（今奉新）华林山水之美，筑室为家，有子60余人，多居豫章，奠定了胡氏在江西的渊薮地。胡藩的第二十三世孙胡清献，任唐饶州判官，其次子胡城于唐亡后归隐华林，大兴诗书之门风，潜心办学，督课子孙。华林胡氏后裔尊胡城为一世祖。自此，华林胡氏人才辈出，累世不衰，"华林世家"由此而出。

华林胡氏之所以家兴族旺，和其家训家规密不可分。家训家规，是同姓家族自己制定，要求所有家族成员共同遵守的各种行为规范和规章制度的总称，通常是父祖长辈、族内尊长为后代子孙和族众制定的立身处世、持家治业的原则、规范、训语和禁戒。族规的核心是"敬宗"和"收族"两大方面。"敬宗"是强调传统的追溯，旨在建立家族血缘关系的尊卑伦序；"收族"则着眼于现实，寻求家族内部长期和平共处、聚而不散的途径。家训是先辈留给后人的为人处世宝典，是中国传统文化的重要组成部分，在许多方面反映和记录了我国的传统美德和民族精神，它在历史上对人们的修身、齐家发挥了重要作用。

华林胡氏第一次修谱约在南宋初期，由刑、兵、吏三部尚书胡直孺之子、白鹿洞书院堂长胡栻主修。据乾隆六年(1741)《华林胡氏大成谱》记载,其收录的《直孺公传家录》,可认定为有记载的、最早的华林胡氏家训家规。在华林胡氏播迁、繁衍、发展的过程中,家训家规不断补充、完善,特别是"忠孝和睦、文明重学、清廉仁义、济美兴邦"的家风得到各地支系的传承和弘扬,这使得华林胡氏至今仍是一个生生不息、人才辈出且辉煌依旧的大家族。

家规家训

华林胡氏家训

敦本笃行,务农守分,严教勤读,惩恶劝善,择婚谨始,敕法防盗,节酒杜淫,完粮奉国,忍忿息争,慎终追远,庆吊相通,灾患相救,尊贤重士。

——《华林胡氏大成谱·家规》

华林胡氏家规一

公传曰:"六十而耳顺,七十而从心。"礼曰:"六十称耆,乃指使也。七十曰老而传家也。"人生自十五而后,四十不惑而后仕,五十知命而服官政。至于六十,则贯通于理,不以事累其心,以耳顺听之。其于事也,指使而已。七十而从心所欲,志肆而体胖。出仕,则致其事于朝;处家,则传其事于子,子而嫡,是宜传者也。一家之事,靡不付焉:祀飨之四时,岁戚之五服,舍宇之缮修,井灶之污洁,臧获之劳逸,衣服、牛羊、晨昏、畜牧,农事之春秋,园蔬之早晚,人情之施报,予舍之有无,金谷出入,岁时聚散,与夫薪水之劳。洒扫帷薄,必以肃,所以消患于不测;闺门必以静,所以保安于无穷。仁乃有恩,义乃有济。夫然从修色养之孝,助以甘旨。立身扬名,以显父母,则子道足矣。施之政事,有弗埋者,吾未之信焉。诗书文章,仕宦忠义,此自传家,不当懈且怠也。其余兄弟雁行而立者,当自勉力资助,不可以市井存心,坐视弗顾,如秦人之视越人之肥瘠,则非所望。书示杞以下,吾将传焉。

——胡直孺《直孺公传家录》

华林胡氏家规二

家规序

尝谓,欲治其国者,先齐其家,惟修身而家可教。然则齐家之道,自古为难,即古帝王,未有不先齐家克臻平治者也。故典诵雍和,先乎亲睦。《诗》言王化,始自《周南》,凡化洽闺门,俗臻于醇(淳)朴者,靡不自齐家始。自《小弁》之怨兴,则不孝者有矣;自《角弓》之刺起,不悌者有矣;自《绿衣》之作,则嫡妾之分不明;《芄兰》之赓,则长幼之节失序。甚至卑俞尊,下犯上,强凌弱,众暴寡,不无其人。不能齐家,焉能治国? 又焉足称为世家? 称为名阀?今吾族重修谱牒,特设家规十数条款,为族人训,每于元旦或暇日,令族之后秀子弟,聚讲家庭,贤者举行,不肖者遵焉。智者顺守,愚者勉从焉。则家皆孝弟,俗皆仁义,宁复有不孝于亲,不悌于长,嫡妾之分不正,长幼之节不明者乎? 宁复有卑逾尊,下犯上,强凌弱,众暴寡者乎? 宁复有愚颜不化者,强梗不遵者乎? 有则以告,告则依家法而重惩之。则孝成于家,而国可治,化行于近,而俗可醇(淳)矣。即称为世家名阀,又何愧焉!

一曰敦本笃行

为人以孝悌为本,勿论富贵贫贱,皆所当先。《诗》曰:"父兮生我,母兮鞠我……欲报之德,昊天罔极。"又曰:"棠棣之华,鄂不韡韡,凡今之人,莫如兄弟。"则大智大贤,未有舍孝弟而曰成者,然族之愚蒙者,不省厥俗寖薄,难免无悖戾之端。凡属子弟,务宜恭顺,能谐恂恂齿让庶天显之乐,事勿亏,足疑大家之庆,而于尧舜之道,不具(俱)全哉。或有等不轨违亲抗尊,族长出论,定罚不得姑恕。

二曰务农守分

四民之业,莫重于农,三事终于厚生,八政先之。曰:食凡祖宗之垂训,定尽能,以逐末成,盖有野馌淑载之勤,斯有三年九年之蓄,养生送,皆可无求,倘游惰自安,必致公私两负,朝夕难支,故无论田地多寡,务宜深耕耨,不致荒芜,毋得嬉戏酗游,及越疆侵盗等事,从公论罚。

三曰严教勤读

养子不教父之过,教而不学子之惰。从古显亲扬名,裕后光前,未有不由诗礼者,不论才不才,皆宜择师督课,约于义方。《易》曰:蒙以养正,利用刑人。《书》曰:朴作教刑。及至顽铁无成,方听改业,亦不失大家之模。若夫聪颖可羡,必须解脱家务,警枕囊茧，则上为采芹，释褐题塔以增荣次，亦笔花墨浪耕砚田而得禄，谁谓经史前误人耶，苟或燕朋逆师，自怠自发，不稂不莠，实丧名存，反贻衣冠之愧矣，凡诸子弟，盍其勉之。

四曰惩恶劝善

世风渐下，强凌弱众，暴寡卑逾尊，处处有之，凡族属各宜自省，一以存心而以息福。《书》曰：作一善降之百祥，作一不善降之百殃。《易》曰：善不积，不足以成名；恶不积，不足以灭身。圣人谆谆垂训，则知从古贤豪未有横行悍悖，而厥后丕昌者，陈氏义门，燕山五桂，其贻谋至深远也。故凡子弟务宜进礼退义，睦族和邻，时时以存心惜福为念，不论同姓、异姓，贫无衣食者，其助之焉。无依倚者，其恤之焉，苦难者，其救之焉，不得刻薄嚣浮，损人利己，横狂险究，欺侮贫愚，凡有此情，必蒙阴谴，人言啧啧，天网恢恢。

五曰择婚谨始

夫妇，人之大伦，必阀阅相当，彼此无议，方与缔盟。闻昔侯景求婚，梁帝曰：王谢门高，非偶当求之，宋张以下景且御用焉。乃有苟且阿媚之徒，不顾先人体面，希图些末朱提妄行嫁娶，贪昧隐忍匹配不均，适足为一宗之玷，故凡结亲必须禀明通族，公议无伤，方许成事，倘仍混杂，断不姑贷。

六曰敕法防盗

士农工商，各归其业，皇祖有训，各安生理，毋作非为，圣谟洋洋，嘉言具在。若有不轨之行径，则败名取辱，重则亡身败家。故子弟宜遵钤南束，不得夜聚晓散，轻犯盗行，一有此情，通族众尽法惩治。《礼》曰：君子之爱人也以德，小人之爱人也以姑息。如阿纵不举，一体同盗论。

七曰节酒杜淫

酒以洽欢，献酬不废，《诗》曰：饮酒温克。《礼》曰：一爵而色，洒如也；再爵而言，言斯礼己；三爵而油，油以退。凡厥君子未有饕餮尤厌，任其丧仪失德者。近日有酗酒撒泼，开赌逞凶，靡所不至者，酒之贻害居多也。自忖无刘伶、李白之才，莫做荷锄捞月之事，然虽不能尽戒，当自知节不过贪嗜可耳。至于男女，人之大伦存焉，治家一凛于严分内外别嫌，疑毋致私相授受，以起物议之端。《易》曰：家人高高悔厉吉。诚恐闱仪狎，或见刺于瓜田李园，此君子防微而杜渐也。苟相如之琴心未忘，则艾段之嘲声条起，其后悔何及耶？

家规家训

八曰完粮奉国

国家重务，输纳为先。苟本甲钱粮数多，不无逋欠之扰，上贫国恩，下参家教，从来朝廷大用，取给于民，甘心抗法，亦属不忠。务先完纳钱粮，使吏胥不唤，鸡犬无惊，不惟得从王之义，而且合家安枕自舒，益莫大焉。

九曰忍忿息争

娄师德陲百自乾，张公艺九世不分，皆得之于忍也。故人之难处者，待以恕则能安。事之难处者，待以宽则能济。斯内可以和亲，外可以无讼，其省财省力所得不既多耶？老子谓：刚者死，弱者生。人当自知戒矣，即偶有侵占欺凌，犹当慎发，或破家殒身，皆由于此不得不先为省察也。《易》曰：天与水违行，讼，君子以作事谋始。《诗》曰：君子秉心，惟其忍之。至哉言也。

十曰慎终追远

孝子顺孙，丧祭为重。凡衣衾棺椁勿以吝啬，而荡其亲择地安葬，期免水蚁之患。既不能择，亦当随遇安厝，毋致暴露。至于祀先之典，凡春秋伏腊，各家举行，不容有缺，庶后生少年咸知拜其祖宗以起孝敬之念。二者俱不得过丰，过啬称家有无，殚力于斯德乃归厚。

十一曰庆吊相通

吉凶宾嘉，不容废礼。族因住居涣散，遂使家情日渐、暌隔，何以成世阀之规？故各房有事，必须预通，远者限期而来，近者随时众及，或庆或弟、或小酒、或一茶，而别则休戚相关，笃亲之要务也。至于具体设筵，又当别论。

十二曰灾患相救

族人本同一体，在我固有亲疏，自祖视之，皆子孙也。故一人向隅，举族为之不乐，则优裕者必周夫贫，力盛者必扶夫备，壮者必矜夫老，势大者必恤夫孤，不得各行嫉忌，以肆欺凌。苟或外姓欺侮，率公堂助之，庶无偏罹受擢之苦。

《直孺公传家录》从其落款看，是胡直孺晚年所撰。他所强调的有两个方面：一是借用圣人之言教育后人，在年少时要学习，要有人生目标，三十岁时要有安身立命的专长及直面困难的勇气和方法，四五十岁时人要成熟、稳重，既不过高看待自己，也不怨天尤人，到了晚年，家中之事则要知道放手；二是期望后代子孙把"诗书文章、忠孝仁义"作为家风传下去。《直孺公传家录》全文比较长，其内容有"持之以公，守之以平，恩以抚之，严以御之，诚以将之。兄弟主以和，夫妇主以睦……"，是规范族人行为的准则。

华林胡氏家训家规一方面积淀了胡氏祖辈丰富的生活经验，以及由此对后代儿孙提出的做人做事的期望和要求；另一方面，更是反映了这一家族对待教育、为人处世的严谨态度。在华林胡氏千年的繁衍、迁徙、发展的过程中，家训、家规与华林文化一样在其后世得到传承和弘扬，并与时俱进，不断补充完善。华林胡氏的家规家风是通过书院教育传续而来的，因此，其教育传续力量很强，千年不衰。早在北宋初年，华林胡氏就创办了华林书院，书院最早是胡氏家族私塾，后发展为华林学舍，宋初胡仲尧将其扩建为华林书院。它是一所家族化书院，曾为大宋朝廷培养大批人才，仅宋代华林胡氏一门就走出进士 55 名，官至刺史、尚书、宰相者不乏其人。华林胡氏的家规家风是系统的、

十三曰尊贤重士

族之所谓大，惟礼义彬彬，衣冠楚楚者，足尚焉。苟尽村夫俗子，拳男争强，虽富积钜万，何以成世阀之规。故凡族有后伟子弟，立志上达克堪作养者，父兄之惠，当刮目相视，不得争为抛挤。幼则奖，成之贫，则周给之。一时不遇则慰安之，患难则资助之，盖作宾王家，惟士是赖高大门闾，惟士是赖对亲作礼，惟士是赖即往来过客，乘轩曳严肃飞延之从，士熟与来，乌衣之谢，三槐之王，万石之张，表表世族得力于士者居多。若夫产连阡陌，资擅铜陵，岂足同语哉。

——清朝版《华林胡氏大成谱》所录家规

有层次的、有家国整体体系的,其内在蕴含了儒家"修身、齐家、治国、平天下"的使命感。在书院教学过程中,华林胡氏形成了"忠孝和睦、文明重学、清廉仁义、济美兴邦"的家规家风。忠孝和睦,核心是孝义立身;文明重学,核心是儒学修身;清廉仁义,核心是清正守身;济美兴邦,核心是为国献身。这是一个从"家"的责任到"国"的担当不断提升的过程。

《直孺公传家录》是华林胡氏家规的精华。《直孺公传家录》作为家规,虽没有明清以后的家规那般条分缕析,却也包含很多内容。一方面,胡直孺对后代的"祀飨之四时,岁戚之五服,舍宇之缮修,井灶之污洁,臧获之劳逸,衣服、牛羊、晨昏、畜牧,农事之春秋,园蔬之早晚"等要求细致;另一方面,他又要求后代子孙把"诗书文章、忠孝仁义"作为家风传承下去。

从宋绍兴七年(1137)十月胡直孺立下这一家规,华林胡氏千年来传续不已。

忠孝和睦

家规中的敦本笃行、择婚谨始、慎终追远和庆吊相通等旨在加强同族宗亲之间的认同感,维护家族秩序,维持家族共同体的存在和发展。

为人以孝悌为本,勿论富贵贫贱,皆所当先。胡藩的第二十四世孙胡城于唐亡后归隐华林,潜心教育子孙读圣贤书,自此五世同居,聚族八百,未有分家。其家规第一条便是要求族人孝敬父母、长辈,兄弟妯娌之间要长幼有序,互相关爱,和睦相处。胡城被称为华林胡氏"一世祖"。其妻耿氏,温柔贤惠,教子有方,以"五代同居,旌表义门"著称。耿氏夫人名彰,盖于贤德,倡导良好家风,她要求儿孙做到忠义、孝友、清廉、贞洁、乐善、好施、和睦、重教,并言传身教、亲力亲为,风范长存,被赐封"徐国夫人",她的家教理念对于胡氏家规核心思想的凝结产生了深远影响。

文明治学

华林书院取得显著成果,震惊宋代文坛,当时为华林书院题诗赞颂的名公巨卿有 72 人之多，宰相晏殊、向敏中，文学家苏轼、徐铉等均在其列。宋真宗曾赋诗赞誉华林胡氏："一门三刺史，四代五尚书。他族未闻有，朕今止见胡。"华林书院是我国古代书院中的一颗璀璨明珠，它代表着华林胡氏文化的辉煌成就，在我国古代文化教育史上有着十分重要的地位。

家规的第三条"严教勤读"和第十三条"尊贤重士"，充分强调了家庭文化教育、敬重贤能的重要性，体现了华林胡氏诗书继世的光荣传统，而华林书院的闻名遐迩，正是族人秉承家训、诗书传家的光辉硕果。

义举兴邦

在家规家训的熏陶下，华林胡氏子孙为家为国做出了应有的贡献。大教育家胡仲尧不仅扩建华林书院，还出私财修建南津桥，造福于乡民；在旱灾歉收之年，无偿发放粮食，史书记载曰"活人数万"，实属难能可贵。

明朝万历二十八年（1600），任浙江布政使的华林胡氏后裔胡士琇不忘故土，为家乡赈饥、办书院、修桥有功，敕修江西唯——座四方牌坊，书"世济其美，不陨其名"，故称济美牌坊。胡氏历代子孙多行义举，特别是在捐资造桥方面，可谓功勋卓著。据史书记载，仅胡氏一家，就曾为乡邑建造 16 座桥梁。如此善行义举，值得称颂。

遵纪守法

华林胡氏家规不仅从惩恶劝善、节酒杜淫、忍忿息争等多方面强调胡氏子孙个人修身的重要性，同时家规的第六条"敕法防盗"和第八条"完粮奉国"，还载明作为平民百姓应当遵纪守法、为国尽忠的职责。胡仲尧不仅"每岁以香稻时果贡于内东门"，年年上贡，还要求族人主动缴纳田赋，做奉公守纪的良民。

家族重要传承人物

■ **胡仲尧**,字光辅,奉新县人,北宋藏书家。南唐李煜时,授官寺丞。淳化中,自己出资以建造南津桥,获宋太宗赵炅嘉奖,任洪州助教。淳化五年(994),宋太宗又赐书籍千卷给他,公卿赋诗附和赞美。仲尧建学舍于华林山别墅,聚书万卷,并提供食宿以延四方游学之士,讲学论道。官至国子监主簿,致仕。

■ **胡瑗**(993—1059),字翼之,北宋时期学者,理学先驱、思想家和教育家。因世居陕西路安定堡,世称安定先生。庆历二年(1042)至嘉祐元年(1056)历任太子中舍、光禄寺丞、天章阁侍讲等。

■ **胡宿**(996—1067),字武平,宋仁宗天圣二年(1024)进士。历任扬子县尉、通判宣州、知湖州、两浙转运使、知制诰、翰林学士、枢密副使。宋英宗治

新落成的华林胡氏宗祠(总祠)

平三年（1066）以尚书吏部侍郎、观文殿学士知杭州。四年（1067），除太子少师，致仕，命未至已病逝，年七十三（《欧阳文忠公文集》卷三四《胡公墓志铭》）。著述颇丰，如今能看到的有《唐诗鼓吹》《吴郡志》《天台续集》《两宋名贤小集》《宋诗纪事》《积书岩宋诗删》等，各收有胡宿诗。清四库馆臣从《永乐大典》辑出胡宿诗文 1500 余首，编为《文恭集》50 卷。

■ **胡宏**（1102—1162），字仁仲，号五峰，人称五峰先生，胡安国之子，湖湘学派创立者。幼事杨时、侯仲良，以荫补承务郎。工笔札，其迹杂见《凤墅续法帖》中。主要著作有《知言》《皇王大纪》和《易外传》等。

■ **胡安国**（1074—1138），南宋时期的著名经学家和湖湘学派的创始人之一。字康侯，号青山，学者称武夷先生，后世称胡文定公。早年拜程颢、程颐弟子杨时为师，研究性命之学。入太学时，又从程颐之友朱长文、靳裁之，得程学真传。其治学理念上承二程，下接谢良佐、杨时、游酢，在理学发展史上居于承上启下的地位。

家训家风故事

开新风的华林书院

华林书院是江南古代四大书院之一，与岳麓书院、白鹿洞书院和鹅湖书院齐名，其址在奉新华林浮云山上。华林书院前身是胡氏家族私塾，后发展为华林学舍，宋初胡仲尧将其扩建为华林书院。它是一所家族化书院，曾为大宋朝廷培养大批人才，仅宋代华林胡氏一门就走出进士 55 名，官至刺史、尚书、宰相者不乏其人。华林书院取得显著成果，震惊宋代文坛，当时为华林书院题诗赞颂的名公巨卿有 72 人之多，宰相晏殊、向敏中，文学家苏轼、徐铉等均在其列，他们之中有的还来过书院讲学。华林书院对我国古代教育最重要的贡献在于重视女学,开收容女学生之先河。在我国历史上许多著名的书院中,至今都还没有听说过有收容女学生的,可华林书院在此方面却独树一帜。家族中有愿受教育的女性,甚至亲友中的女性,都被招收进去。在书院的西面,还为女生专设了一个女膳堂。书院中的女生也跟男生一样,享有书院的各种权利。若有名流来院讲学,她们便列绛纱幔帐以听;书院举行盛宴,她们照例参加。宰相向敏中曾有"花凝玉勒含烟露,酒泛金樽醉绮罗"的诗句以纪实。华林书院的创立不仅表现出江西教化之气象,也是宋朝提倡文治、教化大行的象征,对我国教育的发展和学术的繁荣起过重要作用。

济美牌坊

在奉新县南潦河畔有一座形制与众不同的牌坊,与我们常见到的在一个平面展开的牌坊不同,这座牌坊是罕有的四面牌坊。这座据称是江西省内仅存的四面牌坊屹立在南潦河畔,在舒展的地平线上吸引着南来北往过客的目光,并将他们引入牌坊的细节中。牌坊最下一层的字版上题有"从侍郎布政使司理问所理问胡士琇"字样;中间一层的字版上题有"济美"两个大字,"济美"语出《左传·文公十八年》"世济其美,不陨其名",意思是后代继承前代的美德,家族的好名声就不会受损,这座牌坊也因此而被命名为"济美牌坊";最高一层则是书有"圣旨"的龙凤牌。这些字版构成了济美牌坊的骨架,填充这些骨架的除了斗拱和雀替外,还有分布在每一层的精美雕塑,这些雕塑凝聚了工匠最多的心血,也是牌坊最出彩的部分。

牌坊上的雕塑有繁复的几何纹饰,但更多的是吉祥图案,据学者研究,在济美牌坊中出现的吉祥图案有"狮子戏绣球""松鹤延年""鲤鱼跃龙门""凤戏牡丹""双龙戏珠""麒麟图"等,尤为特别的是牌坊南面和西面最下一层额枋上雕刻了两个完整的场景,其中南面那条额枋的中央是一个站立的人像,头顶饰有华丽的门楣,身后有一童子持扇,在他的左右两边各列有三队人马,每队人马中均有一持伞盖的侍者，伞盖下是一端坐在马上的人，其中最靠近中间的两位坐在马上的人双手作揖，似是向中央的长者问安。当人们称赞这座精美的牌坊时，又不禁生起了许多疑问:胡士琇是谁? 为

济美牌坊

什么要建这座牌坊? 南面额枋上雕刻的究竟是什么故事? 幸运的是,牌坊建造者在北面中间一层字版的背面为后人留下了一篇铭文,它使我们知道这座牌坊是为了表彰华林胡氏四位成员的济美事实而修造的。修造的契机则是华林胡氏将明万历二十四年(1596)时任理问所理问(明代在各布政使司设立理问所,设理问、副理问等职,主要掌管查勘刑名)的胡士琇捐资办学赈灾的义举,和另外三位成员(宋代的胡仲尧、胡仲容和明代的胡应麟)的义举一并上报朝廷,并在万历二十七年(1599)获准建立牌坊。这就是牌坊最高处的"圣旨"的由来。牌坊的修建工程从接获圣旨的这一年开始,直到万历二十九年(1601)农历七月竣工。

人文地理

方位

奉新县，江西省宜春市辖县，位于江西省西北部，东连安义县，南接高安县，西南毗宜丰县，西北邻修水县，北靠靖安县，潦河水流贯境内西东。

交通

314省道、昌铜高速公路经过，交通便利。

历史

奉新历史悠久，春秋属吴，战国属楚，秦属九江郡，汉初属豫章郡。汉景帝三年（前154）建县，曾名海昏、新吴，南唐保大元年（943）为表"弃旧迎新"之意，改县名为奉新。至今已有2000多年历史。

名人

历史人物有盛唐诗人刘眘虚，南宋词人袁去华，千古音韵第一人阴幼遇，明朝著名科学家宋应星，华林胡氏的胡直孺、胡仲尧、胡安国、胡宏等。

风景

著名景点有被誉为"世外桃源，别有洞天，中国一流，世界闻名"的禅宗祖庭百丈寺、省级风景名胜区萝卜潭、宋应星公园（纪念馆）、北宋初年由胡仲尧和弟弟胡仲容在华林书舍的基础上扩建而成的华林书院等。

鱼跃龙津

铅山鹅湖费氏家族

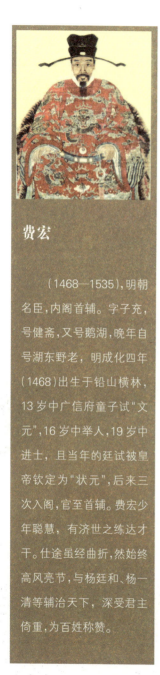

费宏

(1468—1535)，明朝名臣，内阁首辅。字子充，号健斋，又号鹅湖，晚年自号湖东野老，明成化四年(1468)出生于铅山横林，13岁中广信府童子试"文元"，16岁中举人，19岁中进士，且当年的廷试被皇帝钦定为"状元"，后来三次入阁，官至首辅。费宏少年聪慧，有济世之练达才干。仕途虽经曲折，然始终高风亮节，与杨廷和、杨一清等辅治天下，深受君主倚重，为百姓称赞。

历史上铅山人崇文尚武，人才辈出。自隋朝大业元年(605)有了科举制始至清光绪三十年(1904)的千余年间，江西省出了42位新科状元，其中从铅山走出的就有3位。铅山流传着"隔河两宰相，百里三状元，一门九进士"之说，可见历史上铅山的文风之盛。

费宏的家乡——铅山费氏祖居地横林村，在明代被誉为"冠盖里"(即人才最集中的地方)，涌现出以费宏为代表的一大批科举精英，他们是横林费氏家族的骄傲，为铅山历史文化增添了光彩。据《铅山县志》和《鹅湖费氏族谱》记载，横林费氏耕读传家，至四世祖费应麟，"以诗礼衣冠振厥宗"，膝下五子，身体力行。后世以此为训，文风代传，走出了一大批科举精英，进士6人，其中状元1人，探花1人；举人14人，贡生、国子监学生、邑庠生不在少数；更有4人叔侄同榜、4人兄弟同科。其进入仕途者，遍布于朝堂和地方，有宰相1人，尚书1人，入翰林者4人，亦有官至寺卿、侍郎、地方封疆大吏、将军、府州县官及佐吏等，盛极一时。"冠盖里"的荣耀，不仅仅在于横林费氏科举功名之盛、仕宦人员之众，更在于其先人们崇文重教、诗礼兴宗，持之以恒践行儒学思想、为国为民分忧的不懈努力。

令人惊奇的是，这支费氏从元末避乱到

铅山，从一穷二白的逃荒者到以科举名世只历经了五代，到第六代更是创"叔侄同榜""兄弟共科"的佳话。

第一代是费有常，因避"红巾之乱"，迁徙到铅山横林筑茅屋而居。第二代是费广成，两岁父亡，与母亲相依为命，13岁挑起"货郎担"维持生计，18岁拆茅棚起高楼，娶妻生子，并侍奉亲娘与岳母颐养天年。第三代有兄弟两人，兄长费荣祖一人承父业经商，弟费荣迪读书考取秀才，费门始开耕读风尚，并以德经商，常济困扶贫。第四代费应麒以德行事，扩大了家业，在含珠山创私塾，并请名师授业。第五代费瑄于成化十一年(1475)中进士，官至贵州布政司右参议。另有举人2人，国学生、恩贡生各1人。到第六代，兄弟50人，8人中榜，其中费宏高中状元。费宏三次入阁，官至华盖殿大学士。至此，费氏名播江右，成科第世家。

家规

树德为本，孝友传家。

清廉守正，忠君爱民。

同居、均财、奉先、训后、惇礼、守法、尚义。

遵从家规，福泽绵延。

敦孝悌、禁住基、劝士子、严闺阃、定继嗣、禁坟基、息争讼、杜非为、严体统、备记录。

费宏相府正门

勤劳致富，以德惠邻，立志办学，教化子孙。守德，施仁爱以聚人气；行孝，树榜样以聚力量。一个家族就这样兴盛起来。费氏"树德为本，孝友传家"不仅传播乡里，而且名动京城。时任明内阁首辅的李东阳还特地撰《孝友堂记》，以表费氏之世德。从该记载中可知，费氏第四代费应麒即费宏的祖父在未冠之时，父亲病重，竟"割股疗亲"；侍奉继母张氏如亲母，并代父亲赡养祖母到终老；对弟弟是衣必两制、食必同案，病则俱卧起，看到他人兄弟间分割财产，也心有不快。

费璠，费宏的父亲，因母亲周夫人多病，竟日夜钻研医药，自制汤液给母亲治病。弟弟费瑞生病，费璠昼夜护理，为其洗涤便具，不以为秽。费瑞在太学求学时大病，费璠知道后冒暑热北上，日夜兼程赴京迎接，在风高浪急之时冒险催舟北上，始见弟，后费璠受费瑞遗托悉心抚养其家小。

家规家训

公规十条

一、敦孝悌 父母之恩，昊天罔极。兄弟之谊，同气连枝。孩提知爱，稍长知敬。良知良能，人人同具。不孝不悌，自丧天良，与禽兽无异者，罪在不赦。

二、禁住基 本族住基为祖宗几经苦心，几经劳力，大费经营，辟成平正，造屋居住。后分某甲某房子侄，应绍管某处，横置星布，井然不乱，佑启后人，咸正无缺。不幸兵燹以来，居宇毁尽，基址犹存。后裔虽不克壮其猷以为美观，谅无财不可以为悦。延及于兹，出有不肖子侄，惰其四肢，亦博好饮，始卖田园，继卖屋基。族有劝阻者，彼且拒谏饰非，强辞（词）夺理，竟不请问本甲本房，自为应分之物，售于他姓，希图价高。独不思产业罄尽，奔走外方，莫知其乡，至户差、杂派永累本甲本房。一念及此，未有不怒发冲冠，其情可恶，其理难容。今修谱告成，再遇此等子侄，串本族作中代笔者，即鸣族一并削谱，毋容姑恤，诚饬将来，用昭世守。

三、劝士子 功名显达，祖宗之光。志士奋兴，多由鼓励。葛仙山计租百金有奇，族中子侄辈有登乡榜者，准予全收五年。中会榜、钦点者，全收十年。拔项未仕，不拘年载，待后有继起者为度。后世子孙，如有不肖，私行典卖，即行取还归祠。

四、严闺阃 男正位乎外，女正伴乎内，而家道立矣。若妇女不守四德之从，撒泼生事，凌辱翁姑以及诸尊长，将夫惩责；若无夫，将子严处。

五、定继嗣 宗谱之成,本源绳绳相继,条理井井不乱。自后毋得以他姓为子。《礼》有应继、有爱继,立继之日,必请族尊房长公立,方许成服登谱。若混争产业,不依律例者,凭众改正。如有私著鬼名插入谱系者,即行鸣族一并削除三代,毋容徇情,永不认宗。

六、禁坟茔 惟夫妇始同茔,可称合葬。若妾从夫,子从父,媳从姑,婢幼从尊长,俱称附葬。凡血荫祖坟,毋许跨顶、破茔、钻脚。倘有盗葬、盗卖,立即起扦。至于诰封敕葬,尤不可者。敕建牌坊,端然峙立,赫赫君亲,如在其上。或山或石,恐有私行窃卖。凡属孝子顺孙,见者酸心,闻者切齿,谈者色变。罪所不容,法在必诛。且祖置祀田,庄基都堡,亩塅赤然,不得妄为变易。护荫坟宅树木,毋许轻为砍伐,违者定行鸣官究治。

七、息争讼 圣王之世,无讼为尚。长吏之庭,不履为高。凡鼠牙雀角以及产业不明小事,必须凭族理处;如不服,方可呈官。如有好讼听唆、趣起风波者,公众同处。

八、杜非为 嬉游怠惰,半在少年。训俗型方,全由长者。兹值世界升平,凡厥父兄,各宜训诫子弟安分守己、务本乐业。如有妄作非为,痼疾不改,流为匪类者,捉获治罪。若尊长与子弟同犯,加罪处置。

九、严体统 门闾为出入之所,凡见宾客长辈而不起身,且辞气暴戾者,罚。若屡犯,定行答责。

十、备记录 正谱外立草谱数本,分交各房长领贮。今凡遇生子者,将年月日时及字讳,报明房长,登入草谱。凡男娶某,女适某,邑里氏族,俱报明登载,以便后代续修之确且易,不须搜访也。

家族重要传承人物

■ **费瓛**,费氏的首名进士,以工部主事身份督水利于徐州吕梁山,筑西坝、东堤而杀湍悍治洪水。徐州知州刘国纪请李东阳作《重修吕梁洪记》时,李东阳听说了这位为民造福的费氏子孙。与费宏同朝期间,见费宏人端言正,乃知其教养,所以身为内阁首辅的李东阳才欣然为费氏撰《孝友堂记》。

■ **费寀**,嘉靖十七年(1538)离京回乡时,在野径见累累白骨散布田野,为孤魂野鬼而心感戚然,于是与长子懋学商议捐出城南70余亩地作为义冢。

■ **费尧年**,费宏族孙,清正廉明,秉公执政,在任职省台期间,普辟良田万顷作为义田,济贫助困,抚孤养老。在为一许姓通判申冤后,许通判按例被开释,为示感谢献金祝尧年寿,尧年坚辞不受。闽南兴泉因寇案株连无辜达百人之多,他深入复查,逐一核实,结果"活者百人"。苏州地区遇浙江杭城兵变,省府大员被劫持。朝廷震惊,拟调兵镇压,尧年持不同见解,奏言:情况不明,宜派干练重臣前往查究,分清是非,酌情处置。后果如其言,吴越之地不折一矢、不费斗粮而局势平稳。其任广东左布政使时,倭军大举入侵朝鲜,朝廷震恐,适逢泰国使者来京朝贡,上疏表示愿意出兵,尧年极力阻止。老年临终之际嘱托其子在县治永平修建景行书院,培养后学。

家训家风故事

费氏家族崛起于明朝中叶,持续了150余年,先后涌现出进士6人(其中:状元1人、探花1人、入翰林4人)、举人14人、贡生37人、国子监学生17人,明朝从政者达78人,成为"西江甲族""科第世家"。费氏居地因此被命名为"冠盖里",并一直相传至今。费宏是这个家族的领军人物,曾作诗题鹅湖书院"自古乾坤为此理,至今山水有余光",目前悬挂于书院讲堂。

少有奇质，严格施教，成就非凡人才

《文宪公年谱》称："公生有奇质，少读书过目成诵。"费宏6岁，其父费璠"立志甚高，教子甚切"，选聘了陈受诲先生为家庭塾师。这位先生是"江州义门"之后，"严毅方正，克尽师道"。其间，即成化十一年（1475）费宏8岁时，他的伯父费瑄中了进士，这无疑对费宏又是一种激励。

费宏父辈5人，是鹅湖费氏迁至铅山的第五代，他的父亲费璠排行第三，大伯费珣、二伯费瑄、四叔费玙、五叔费瑞。大伯费珣乃铅山鹅湖费氏中第一个荣登科第者，得中景泰四年（1453）举人，放宁都县知县未赴，因病早亡。五叔费瑞对童年的费宏帮助和影响很大，年长费宏13岁。

1480年，费宏府试第一，正所谓"茂才高第"。再三年，叔侄同赴乡试，都中了举。

费瑞、费宏叔侄乡试中举，次年北上春试，初试未第。后二人都进了京师太学，彼此相随左右，"未尝一日离也"。肄业太学中途，费瑞曾回归故里，两年后返京应次年会试。隆冬季节，费宏郊外十里迎候，叔侄重逢时，满脸都洋溢着由衷喜色。次年会试，费瑞已居乙榜优等，可他发誓非考中进士不可，避而不就，仍留读太学。奈何秋天得病，卧病京城一年，在回乡途中不幸辞世。

费瑄曾经将费宏接到自己身边，让他"随学于公署"。在费宏求学京城期间，常常购书送来，并写信勉励："古称作史有三长，吾谓凡为士者皆当然，吾于吾侄不患其才识之不远，而患其学之不博，无以充其才与识也。"费宏谨记二伯教诲，博览群书。

费宏果然不负众望，于成化二十三年（1487）考中进士，状元及第。

父亲费璠的严格要求，蒙师陈受诲的恪尽师道，伯父费珣、费瑄等的榜样和诫勉，五叔费瑞的帮助和砥砺，费阍等前辈的教授和推介，造就了明朝中叶这一位颇具影响的政治家。

即使做了官，良好的家风依然使他自重自律。中状元后的第三年，即弘治二年(1489)发生过一件事:一天闲暇,费宏在史馆与同寅下棋,竟争吵得面红耳赤。费璠闻讯,派家仆送来一根竹杖和一首诗,诗中有"翰林事业多如许,博弈何劳枉用心"之句。费宏诚惶诚恐,自觉伏下领受家法,而且登门向同寅道歉。后来两人成为莫逆之交。

正直为官,仕途坎坷,肩负元臣重任

《明史》将费宏的仕途概括为:"宏三入内阁,佐两朝殆十年。中遭谗构,讫以功名终。"

费宏中状元后,授翰林院修撰,是在明宪宗成化最后一年。

弘治元年(1488),费宏参与修纂《宪宗实录》。因颇有史才,深得副总裁邱濬、杨守陈信任,崭露头角。

正德元年(1506),纂修《孝宗实录》,兼经筵日讲。第二年,费宏40岁,升任礼部右侍郎。

这时正值宦官刘瑾专权,威慑公卿,唯独费宏不屈。正德三年(1508)五月初五,武宗宴群臣于文华门,费宏与同僚的席位因长幼关系而互换了,刘瑾刚好经过瞧见,便说:费秀才以羊易牛。费宏针锋相对回敬他:赵中贵指鹿为马。刘瑾怫然而去。

宁王宸濠早已觊觎皇位,而且超越本分地奢侈,贪婪残忍,危害地方;对上面却文过饰非,掩藏勃勃野心。佞臣钱宁暗地里是宸濠党羽,又想结交费宏并得其欢心,欲向费宏馈赠彩币和珍玩。但费宏拒绝接受,钱宁羞恼,内心怨恨费宏。

宸濠篡位计划的重要步骤是阴谋恢复"护卫"。天顺年间(1457—1464),护卫屯田制度已被裁革。数十年后,刘瑾受贿弄权,又恢复了屯田制,于是这些王便可借此拥有兵力。刘瑾被诛后,护卫又被革除。这时的兵部尚书陆完与宸濠交往密切,卖力地为之设法,给还护卫。

朝堂上下，首察宸濠谋逆之心，并旗帜鲜明地阻其恢复护卫计划的便是费宏。当宸濠用车辇装载珠宝金银藏于被武宗宠幸的优人臧贤家中，分赠诸权要的消息传出后，只有费宏在内阁当众指出"宸濠以金宝巨万打点复护卫，苟听其所为，吾江西无噍类矣"，在内阁会议上加以抵制。陆完避开费宏，与钱宁等佞臣、嬖人密谋，趁当年三月廷试进士，内阁及部院大臣都在东阁读卷时，由陆完向皇帝递上宸濠的"乞复疏"。次日，发下由内阁拟订的圣旨。传令的宦官来到东阁说："只请杨师傅到阁，诸公不必动劳。"一会儿，杨廷和拿着圣旨底稿快步而出："既王奏缺人使用，护卫屯田都准，与王管业。"继而旨下。费宏质问道："收受了这些王的贿赂，允许恢复护卫的是谁？"当此时，有台谏之臣交相议论不可给予护卫。宸濠、钱宁的内心都十分怨恨费宏，陆完之流十分狼狈。皇帝身边这些被宠幸的人以为是费宏唆使和操纵言官，便共同向武宗进谗，极力排挤他。钱宁企图收集费宏的材料，多次刺探，但终无所得。后来，竟抓住御史余珊曾经弹劾费案留用翰林不当的问题做文章，旨在加罪费宏。上面责成说明原委。费宏自请辞去官职。于是，费宏、费案兄弟被迫辞官。

正德十四年(1519)，六月十四日，宁王宸濠在南昌发动叛乱。叛兵号称十万大军，陷九江，破南康，围安庆。一时间，远近不安，上下震动。六月十七日，发生变故的消息传到铅山，费宏与费案、费完兄弟当即联络府、县官员，谋起义兵。南赣巡抚、佥都御史王守仁发来征兵的羽毛信，广信府知府周朝佐、铅山县县令杜民表即将率兵前往，费宏为之出谋划策，鼓舞士气。二十二日，费宏给广信府其他官员去信，"勉以忠义，使之遍达郡中诸公"，并要求整点密兵，训练快速反应部队，准备参战。二十六日，费宏写信给进贤刘源清，要他与余干马公认真合计，如果进贤、余干两地兵力足以制胜，就抓住战机直捣叛军城下，与之决战，而不要坐等"王师"到达。他又写信提醒弋阳县县令杨云风，指出玉山的贼寇中潜藏有叛贼的亲信，"若捕之不获，深为可虑"。他还专派费案抄近道赴赣州，呈书王守仁，筹划平叛方略。费案建议："先定洪州以覆其巢穴，扼上游以遏其归路。"七月三日，费宏给钦差书信说，军情紧急，不可惑于浮言而延缓了平叛事项、中了奸人之计。七月十九日，费宏与王守仁书信往来，分析事态发展，建议勉励参战官兵，中肯地指出"宜亟奖忠义，以为诸郡之劝"。

七月二十六日，宸濠被擒获。王守仁给费宏请功。宸濠叛乱从举旗到就擒，仅仅43天。

正德十六年（1522）四月二十二日，明世宗朱厚熜即位。世宗登基十来天后，体念费宏"累效忠谋，遭谗去位"，即降敕起用费宏、费案。

对于皇帝给予的额外恩赏，费宏力辞不受。吏部和兵部根据世宗的旨意，对拥戴登极有功的内阁大臣们，加恩晋伯爵位。对费宏还荫封一子为锦衣卫指挥使，世袭。费宏三次奏本辞谢。圣旨回答："卿先朝旧臣，德望素重。先在内阁之日，抗言守正，悉心匡弼。权奸中伤，逊避而去。逆濠之变，移书起兵，忠义显著。召还原任，随事启沃，备竭诚悃。朕心嘉悦，特加荫录，以答旧功。宜勉承恩命，用副朕倚毗至意，所辞不允。该部知道，荫一子七品文职。"费宏却始终没有接受这份封荫。

对于涉及皇亲国戚的事，费宏能正直进言。九月，世宗册立陈妃为皇后。下诏给陈皇后之父陈万言营造宅第，工部预算60万两白银。陈父嫌预算不高，向皇帝投诉，工部郎中叶宽、翟璘被冤入狱。费宏上疏请求予以释放。

嘉靖三年（1524），费宏升为首辅，时年56岁。

嘉靖五年（1526），费宏的长子懋贤中进士，授翰林院庶吉士。四月，张璁、桂萼向皇帝告状：费宏收受了郎中陈九州盗取的"天方贡玉"，还收了贿赂为尚书邓璋谋求起用，等等。费宏上疏要求辞官，并申辩说："这两人经常挟私愤怨恨臣下。不让他们充任经筵讲官，则他们怨恨；没有参与修《献皇帝实录》，则又怨恨；不为两京乡试考官，则也怨恨；没有当成教习，则还怨恨。他们总以为内阁的事情都由我一个人操纵，哪里知道臣不能擅自做主，对下必须体现群臣的意愿，对上须报告皇帝请您决断。张璁、桂萼时刻攻击排斥臣的企图是谋取臣现在的位置,我怎么能够与这些小人互相倾轧? 还是请皇上让我退休吧! "皇帝没有答应。六月,费宏的小儿子懋良被诬陷入狱(翌年出狱),璁、萼等的诋毁便更加急切卖力,费宏又上疏请求辞退。圣旨下:"卿内阁元臣,忠诚端亮,朕所倚托至重,岂因浮言欲乞休致,可即出安心供职,勿负朕意。吏部知道。"次日,费宏再提出辞退,皇帝即下诏好言安慰挽留。然而,总不见世宗责备张璁、桂萼。

嘉靖六年(1527),二月,锦衣百户王邦奇诬陷并要求处死原大学士杨廷和等。接着,受璁、萼指使,又诬陷费宏等背地里包庇杨廷和。十一日,费宏上疏请求辞去官职,得到的答复是:"卿先朝旧臣,学行素优,朕召用以来,论思辅导,多效忠勤,方切倚毗,岂可偶因浮言遽求引避,宜安心供职,以副优眷,所辞不允。吏部知道。"

不久,费宏又以四方出现灾异为由弹劾自己,再次请求辞官,并称病要求长子懋贤随行,终于得到批准。皇帝下旨:"费懋贤准随卿回乡养病,病痊之日,即当前来,照旧作养听用。吏部知道。"自此直至8年后第三次入阁,费宏都在家乡。

嘉靖十四年(1535),世宗想念费宏了,常向时任礼部尚书的夏言询问费宏近况。四月,下诏起用。七月,费宏抵京,世宗让中使以御用佳肴慰劳费宏。世宗当面对他说:"与卿别久,卿康健无恙,宜悉心辅导,称朕意。"费宏感激叩谢。于是,费宏勤于政务,奏本、廷对都能切中要义。世宗自然高兴,对费宏更加眷顾和倚重。

十月十九日,费宏与夏言陪驾祭祀皇考,午时入宫,薄暮始出。费宏忙了一天公务,傍晚回到宅邸。初冬夜寒,他稍稍饮了一些酒,上床就寝,竟安然伏枕而逝,享年68岁。

世宗闻讯,深为痛惜,朝会因此停止一天。诏赠"太保",谥号"文宪"。礼部尚书夏言奉旨谕祭于费宏灵前,悼念之典哀荣备至。世宗又着令工部安排营造葬具,兵部安排驿站供应舟船,委派官员护送灵柩返回原籍,归葬铅山横林。

人文地理

方位

铅山,位于江西省东北部,为上饶市辖县。东近浙江,西接赣中,南邻福建,北望安徽。

交通

为满足群众生产生活需求,铅山先后投资 1.5 亿元,完成港上线、虹五线、八英线等 11 条总长 70 余千米的路网升级改造工程。

河口码头与沪昆高速使当地交通更为便利。

历史

南唐保大十一年(953)置县。因永平镇西四里有铅山,遂以山名为县名,隶信州。

1949 年 5 月,铅山隶属上饶。

名人

费宏,字子充,号健斋,又号鹅湖,晚年自号湖东野老,明成化四年(1468)出生于铅山横林,是铅山历史上有名的少年状元。

风景

河口是铅山县城所在地,历史上曾因水运便捷、商业繁盛而名闻天下,与景德镇、樟树镇、吴城镇齐名,是"江西四大名镇"之一。

葛仙山位于上饶市铅山县中部,海拔 1096.3 米,是道教灵宝派发祥地。东晋初,著名道士葛玄来到葛仙山(原名云岗山)炼丹传教。

鹅湖书院、武夷山主峰亦坐落在铅山县境内。

源头活水

婺源朱熹家族

朱熹

（1130—1200），南宋哲学家、教育家。字元晦，一字仲晦，号晦庵，别称紫阳。徽州府婺源县（今江西省婺源县）人。绍兴十八年（1148），朱熹进士及第。他生平广注典籍，所著《四书章句集注》，被元、明、清三朝定为科举取士的必读之书，时有"非朱子之传义不敢言"之说。儒学集大成者，世尊称为"朱子"。朱熹是"唯一非孔子亲传弟子而享祀孔庙，位列大成殿十二哲者中，受儒教祭祀"者。

朱熹，是继孔孟之后对我国封建社会影响深远的哲学家、教育家。他以孔孟之道为本，又继承、改造了两宋理学的重要流派，成为理学的集大成者，从而把儒学提高到前所未有的高度。元、明、清三代，封建朝廷都倡兴理学，推崇朱熹。作为朱熹故里的婺源，儒家的思想道德在这里占有比别处更高的位置，崇儒重道，是婺源人恪守不变的传统。诚所谓"我新安为朱子桑梓之邦，则宜读朱子之书，取朱子之教，秉朱子之礼，以邹鲁之风自待，而以邹鲁之风传之子若孙也"。

《朱子家训》全文短短317字，已经被翻译成英文和德文流传海外，在我国家训史册上有着重要的历史意义。《朱子家训》，文句工整对仗，言辞清晰流畅，精辟阐明了个人在家庭和社会中应该承担的责任和义务，告诫子孙后代如何才能成为一个有道德的人、一个高尚的人、一个有修养的人。

自朱瓌始，朱氏子孙繁衍，后裔散布于海内外。《人民日报》1992年6月10日有则消息称：朱熹的后裔遍布全世界15个国家和地区，总数在数十万以上；仅韩国就有14万人，朝鲜有6万人，美国有30多个州都有朱熹的后裔。

南宋庆元六年（1200），朱熹去世后，虽然理宗皇帝于淳祐元年（1241）诏从祀孔子庙庭,但建立专祠"春、秋致祭",却是在元代。

虹井

据乾隆《婺源县志》和《婺源阙里朱氏宗谱》记载:元统二年(1334),婺源知州(元贞元年即1295年婺源由县升为下州)干文传以颜渊、孟轲在故宅立庙之先例,请于朝廷并得旨核准,在蚺城明道坊前街以朱韦斋(朱熹父朱松,号韦斋)故居为基,始建文公祠(又名"文公家庙");次年庙成,费用悉出州官汪镐己资。"后文公祠多次毁坏又重修。光绪元年(1875),知县杨春富召集全邑绅富捐资,仍循旧制复建文公庙。自此之后,一直延于1968年拆毁。

南宋淳熙十年(1183),五月,朱熹编修家乘时,"因阅旧谱,感世次之易远,骨肉之易疏,而坟墓之不易保也,乃更为序次,定为《婺源茶院朱氏世谱》";确定以始迁婺源的茶院府君朱瓌为第一世,朱熹自称茶院九世孙,讫于其子朱塾一辈共为十世,并"以示族人"。

明清时期,茶院朱氏各支均有修谱之举。今婺源可见之《朱氏正宗世谱》,又称《婺源阙里朱氏宗谱》,4卷4册,刊刻印行于民国九年(1920)。该谱是朱熹六世孙、在婺源掌管祠事且子孙世居蚺城之茶院朱氏阙里派"域公房"(东房)的谱,由文公二十三世嫡裔朱师濂总纂而成。

南宋庆元六年(1200)朱熹去世后,宁宗帝谥曰"文",追赠"中大夫"、宝谟阁直学士;理宗帝赠太师,追封"信国公",后改"徽国公",诏从祀孔庙。元惠宗帝改封"齐国公"。明思宗帝诏改称"先贤",位在汉唐诸儒之上。清圣祖康熙帝诏升"先贤朱子于十哲之次"。

历朝皇帝御赐婺源的匾额亦甚多:

南宋淳祐二年(1242),理宗赵昀钦赐"宋代圣人"御书匾额;

南宋咸淳五年(1269),度宗赵禥诏赐"文公阙里";

明嘉靖元年(1522),世宗朱厚熜钦赐"圣学正宗"御书匾额;

清康熙二十六年(1687),圣祖爱新觉罗·玄烨钦赐"学达性天"御书匾额;

清乾隆三年(1738),高宗爱新觉罗·弘历钦赐"百世经师"御书匾额;

清光绪二十八年(1902),德宗爱新觉罗·载湉钦赐"洙泗心源"御书匾额。

家规家训

文公家训

君之所贵者,仁也;臣之所贵者,忠也;父之所贵者,慈也;子之所贵者,孝也;兄之所贵者,友也;弟之所贵者,恭也;夫之所贵者,和也;妇之所贵者,柔也。事师长贵乎礼也,交朋友贵乎信也。

见老者,敬之;见幼者,爱之。有德者,年虽下于我,我必尊之;不肖者,年虽高于我,我必远之。慎勿谈人之短,切莫矜己之长。仇者以义解之,怨者以直报之,随所遇而安之。人有小过,含容而忍之;人有大过,以理而谕之。勿以善小而不为,勿以恶小而为之。人有恶,则掩之;人有善,则扬之。

处世无私仇,治家无私法。勿损人而利己,勿妒贤而嫉能。勿称忿而报横逆,勿非礼而害物命。见不义之财勿取,遇合理之事则从。诗书不可不读,礼义不可不知;子孙不可不教,僮仆不可不恤;斯文不可不敬,患难不可不扶。守我之分者,礼也;听我之命者,天也。人能如是,天必相之。此乃日用常行之道,若衣服之于身体,饮食之于口腹,不可一日无也,可不慎哉!

家族重要传承人物

■ **朱瑰**,始迁婺源蚺城的朱氏。据乾隆《婺源县志》记载:朱瑰(880—937),又名古僚,字舜臣。居歙(县)之黄(篁)墩,为歙州衙内指挥。天祐三年(906)奉刺史陶雅之命,领兵三千镇戍婺源,职为制置,巡辖婺源、浮梁、德兴、祁门四县,因家焉。朱熹在《婺源茶院朱氏世谱序》中亦曰:"吾家先世居歙县之黄墩,相传望出吴郡,秋祭率用鱼鳖。唐天祐中,陶雅为歙州刺史,初克婺源,乃命吾祖领兵三千戍之,是为制置茶院府君。卒葬连同,子孙因家焉。"婺源蚺城有朱姓自此始,茶院朱氏之派亦自此基然也,朱瑰因之被称为"一世茶院"。

■ **朱松**(1097—1143),朱瑰下传至茶院朱氏第八世孙,北宋政和八年(1118)以上舍登第,授建州政和县尉,由此携父朱森举家南徙入闽。南宋建炎四年(1130),朱熹出生于尤溪城南郑安道(别号"义斋")馆舍。后至元丙子(1336),朱熹五世孙朱勋(寓居建阳考亭的茶院朱氏十四世孙)奉命携次子朱域、三子朱境回婺源掌祠祀事,此后子孙因之世居婺源,并派生出茶院朱氏"阙里派"。朱域"域公房"又称"东房",后裔世居蚺城;朱境"境公房"又称"西房",裔孙后迁婺源高砂石头嶵。

家训家风故事

使金被拘守忠节

朱弁(1085—1144),南宋使臣,文学家,字少章,号观如居士,朱熹族叔祖。

北宋靖康元年（1126），十一月，金兵南侵，攻陷宋都汴京（今河南开封），徽宗赵佶、钦宗赵桓二帝被金人俘虏北去，北宋灭。其时，康王赵构（徽宗第九子、钦宗赵桓弟）正受命为河北兵马大元帅，拥兵万人在外。于是，宋旧将臣便拥戴他为皇帝。翌年五月初一日，赵构在南京应天府（今河南商丘）即帝位（高宗），改元建炎，史称南宋。这年冬天，高宗赵构计议遣派使者赴金国，问候被羁金国的徽、钦二帝并与金谈和。当时，金军仍在不断南侵，连克州府，刚刚建立的南宋王朝岌岌可危。显然，在这种形势下到金国去谈和，必定凶多吉少，文武百官应者寥寥。就在此刻，太学生朱弁奋身自荐，主动请缨。高宗旋即诏授朱弁为候补修武郎、右武大夫、吉州团练使，充当河东大金军前通问副使赴金。

次年正月，朱弁和通问使王伦同赴金国，在云中（今山西大同）向金国西路军统帅粘罕说明来意。粘罕不但置之不理，而且还将南宋使者全部软禁。朱弁大义凛然，不断呈书力言用兵与讲和的利害。绍兴二年（1132），金国言和议可成，允许被拘留的人派一人回奏南宋朝廷，要王伦和朱弁自己决定去留。朱弁欲让正使王伦返朝，毅然道："吾来固自分必死，岂应今日凯俸先归。"并称自己早已做好了"暴骨外国"的准备。在王伦临行前，朱弁坦诚地对他说："古之使者有节以为信，今无节有印，印亦信也，愿留印，使弁得抱以死，死不腐矣。"王伦含泪授印。朱弁视印为命，郑重地藏在怀中，日夜不离。

当时，宋朝许多官员投降变节，叛臣刘豫降金后，被金朝统治者扶植为傀儡政权伪齐的皇帝。王伦走后，金人威逼朱弁去做刘豫的官员，朱弁坚决拒绝，严词斥责道："豫乃国贼，吾尝恨不食其肉，又忍北面臣之，吾有死耳！"金人恼羞成怒，竟以断其饮食来逼其就范。朱弁立志为国家和民族尽节，甘愿忍饥待毙，誓不屈从。过了一段时间，金人又诱逼朱弁到金朝去做官，朱弁正气凛然道："自古兵交，使在其间，言可从从之，不可从则囚之杀之，何必易其官？吾官受之本朝，有死而已，誓不易以辱吾君也！"他还写信向续任正使洪皓诀别:"杀行人非细事,吾曹遭之命也,要当舍生以全义尔。"随后,朱弁备下酒菜,与一起被拘禁的官员共饮。席间他说:"吾已得近郊某寺地,一旦毕命报国,诸公幸瘗我其处,题其上'宋通问副使朱公之墓',于我幸矣。"众人暗暗掉泪,其却谈笑自若:"此臣子之常,诸君何悲也?"金人见朱弁忠贞不渝,无可奈何,遂不再劝降。

朱弁被拘金国期间,富贵不移其心,威武不屈其志,时时不忘为国效忠。绍兴七年(1137),十一月,朱弁得知金朝的粘罕等相继死去,便将探得的相关情报密奏南宋朝廷,并说"此不可失之时也"。但由于主和派秦桧的阻挠,高宗赵构没有利用这次本可北伐的大好机会。

绍兴十三年(1143)秋,在南宋和金朝签订《绍兴和议》之后的第三个年头,被金扣留16年的朱弁,方与洪皓、张邵等官员得以获释归宋。高宗赵构召见他们时,朱弁仍忧心忡忡地对皇帝说,陛下现在虽然已经与金人讲和,但金人诡诈之心不能不多加提防。如果时机成熟,盼望陛下还是要尽早图谋收复山河的大计。说后还将在金国得到的六朝御容、宣和御集书画以及自己所著的《聘游集》一起献给朝廷。同时,上书陈述了在金的忠臣义士朱昭、史抗、张忠辅、高景平、孙益、孙谷、傅伟文、李舟、五台僧宝真、丁氏、晏氏以及小校阎进、朱勋等以死守节的事迹,提请朝廷予以褒录,并建议道:"忠臣报国之志获得伸张,则死者光荣,为国效忠的正气也必然上升。"

高宗颁布诏书,称朱弁"奉使岁久,忠义守节"。

为官一任　造福一方

朱松(1097—1143),字乔年,号韦斋,朱熹之父,其儒学思想对朱熹一生有深刻的影响。儒林学者称其为"韦斋先生"。

朱松幼有俊才,曾游程门弟子罗从彦门,问河洛之学。政和八年(1118)进士,累官至吏部郎,因任建州政和县尉,由此举家徙闽,成为婺源茶院朱氏入闽始祖。

政和县位于闽北,是朱松历职的首任之地。当时,县域地僻民穷,交通闭塞,经济落后,全邑多文盲,名儒贤士鲜如凤毛麟角,且民间有溺女弃婴恶俗,"西里细民又好讼勇斗"。朱松入尉政和,在细察民情乡俗之后,决定从以下几方面来进行治理。首先,他关心民众疾苦,轻徭薄赋,使乡民安于农桑,人日益富。其次,废除严刑峻法,施理学教义于民,对民间诉讼多以调解为主,以息其争,并通过说理感化,改变了政邑溺女弃婴与好讼之陋俗。不少乡民受感之后,语后人曰:"活汝者,新安朱先生也。"最后,大兴教育,办书院。政和自古以来文化落后,邑中子弟除豪富之家延师就读外,没有一座像样的书院可教乡民。朱松始筑书室于县邑桥东,命其室曰"韦斋书室"。韦者,取古人佩韦之义以自警也。不久,又建"星溪书院"于桥南正拜山下,既作为其职事之余读书、论理与鸣琴佳地,又为邀集饱学之士讲学、会文场所。接着,还在黄熊山麓创办了"云根书院"。他不仅亲自讲学督课,且延请乡儒名师,以教当地生员。在朱松的倡导和努力下,政和文风大兴。据《政和县志》记载,自朱松创办书院始,政邑读书者倍增,人才辈出。从南宋绍兴(1131—1162)历元朝经明朝至清朝,先后共出过 15 名进士、45 名举人、381 名贡生。为纪念朱松的德治政绩,政邑士民特于星溪书院建立一座"韦斋祠",春、秋两祭。

宣和五年(1123),朱松更调南剑州尤溪县尉,后又任泉州石井镇监税。绍兴四年(1134),御史胡世将、泉州太守谢克家同荐朱松为试馆,高宗嘉赏,授秘书省正字。此后,历官左宣教郎、秘书省校书郎、著作佐郎、度支员外郎兼史馆校勘,参与刊修《哲宗实录》。又历司勋吏部两曹转奉议郎,再转承议郎。秦桧当政,决策对金议和,朱松以吏部郎身份与同僚上章,慨然陈奏,力言不可,为之得罪了主和的权贵。秦桧同御史陷朱松怀才自负,朱松遂于绍兴十年(1140)受贬出知饶州,不赴;自请赋闲,改台州崇道观主事。

元至正二十一年(1361),朱松被追谥为"献靖公"。其著作《韦斋集》(12卷)被选入《四库全书》。

为学主张:循序渐进与笃行并重

一生积极从事教育活动的朱熹,在任同安县主簿时,开办县学;任知南康军时,重建庐山白鹿洞书院,手订白鹿洞书院教规;任知漳州时,创设州学;任知潭州时,修复岳麓书院;晚年更是专心,如在建阳县(今福建建阳区)筑考亭书院、在武夷山建武夷精舍等。他的学生黄勉斋曾这样称他:"讲论经典,高贯古今,率至半夜,虽疾病支离,至诸生问辨,则脱然沉疴之去体。一日不讲学,则惕然常以为忧。"在长期的教育实践活动中,朱熹还总结出一整套的教育理论和学习方法。

为官廉明:清正不畏强权惩贪官

朱熹一生仕途坎坷短暂,但他却能为官清廉,勤政爱民,兴利除弊,惩办豪强,并为反对横征暴敛多次上疏直谏而"触怒龙颜",体现了其崇高的气节操守。

淳熙九年(1182),这年七月,朱熹巡至台州境内,见台州灾情甚重,饿殍遍野,民不聊生,饥民纷纷背井离乡去乞食,满目是一派悲凉荒败的情景。朱熹经过密访查明,这是原台州知府、时已宣布升迁江西提刑的丞相王淮的姻亲唐仲友因在荒年违法促限催税而造成的。于是,朱熹列其九项罪状予以弹劾:(一)促限催税,违法扰民;(二)贪污官钱,偷盗公物;(三)贪赃枉法,敲诈勒索;(四)打击报复,逼死人命;(五)培植爪牙,为非作歹;(六)纵容亲属,败坏政事;(七)仗势经商,欺行霸市;(八)蓄养亡命,伪造纸币;(九)嫖宿娼妓,通同受贿。面对"五毒俱全"的唐仲友,朱熹认为不但要罢去其官职,而且应逮捕入狱依法惩治他。为此,朱熹于七月下旬至九月上旬,先后6次给孝宗皇帝

廉泉

上奏状,要求严惩这样的贪官污吏。由于朱熹的一再上奏弹劾,且所列罪证确凿,使朝廷不得不罢去唐仲友江西提刑的新任。

朱熹6次上奏弹劾唐仲友,尽管罪证确凿,但最终朝廷只是收回了他的江西提刑任命,并无其他惩处。相反,朱熹本人却遭到王淮一伙的诬陷。虽然弹劾唐仲友受到挫折,但朱熹不畏权势、敢于同恶性势力斗争到底的高贵品质,在南宋朝政腐败的当时,无疑是一种荡涤邪风的浩然正气,受到了正直人士的称颂。陆九渊说:"朱元晦在浙东,大节殊伟,劾唐与正一事,尤快众人之心,百姓甚惜其去。"

生活甘于清贫俭朴:以民温饱念

朱熹一生清贫俭朴,日常三餐常常是"豆饭藜羹"。

南宋年间,七月的一天,骄阳似火,暑气逼人,朱熹利用讲学之暇去探望女儿。当他气喘吁吁赶到女儿家时,已近中午。女儿见父亲在繁忙的教学中专程赶来看望自己,心里十分高兴,可同时又感到为难,因为家贫,实在难做出一点像样的菜肴来款待父亲。于是,只好烧了一碗麦屑饭,泡了碗葱花汤。当女儿面露难色、神情尴尬地端上葱汤麦饭时,十分了解女儿家境的朱熹,丝毫没有责怪的意思,反而安慰女儿道:"这样的饭菜很不错嘛,吃来不仅喷香可口可以充饥,而且还能滋补身体。"

"父亲真会开玩笑。"女儿心里很不好受地说。

"这是真的!你知道,我从小贫困,就是现在也不富裕,常常和弟子们在一起烧些豆饭藜羹吃,能吃上葱汤麦饭应当说是不错。我上你这来时,路过前面几个村庄,见有的人家烟囱还未冒烟呢(指揭不开锅)。"朱熹一边吃一边说,并随口吟诗一首:"葱汤麦饭两相宜,葱补丹田麦疗饥;莫谓此中滋味薄,前村犹有未炊时。"

在南宋小朝廷乐于偏安、统治阶级花天酒地时,正如诗中所描写的"西湖歌舞几时休""直把杭州作汴州",朱熹能甘于简朴恬淡,时时以民温饱为念,的确十分难得。

人文地理

方位

婺源县，古徽州六县之一，今属江西省上饶市下辖县。位于江西省东北部，赣、浙、皖三省交界处。

交通

婺源境内多山，属黄山余脉江南丘陵地带，境内主要交通有307、308省道，杭瑞高速（景婺黄高速）公路，杭新景高速（德婺高速）公路等。

历史

婺源，历史悠久，文化灿烂。唐开元二十八年（740）建县，自古文风鼎盛，名人辈出，享有"书乡"美誉。

名人

婺源县著名历史人物有南宋哲学家、教育家朱熹，清代音韵学家、经学家江永，等等。

风景

江西婺源篁岭被誉为"全球十大最美梯田"之一。篁岭以其独特的梯田地势与白墙黛瓦的徽派建筑群交相辉映，秀美而瑰丽。

婺源是当今中国古建筑保存最多、最完好的地方之一。全县完好地保存着明清时代的古祠堂113座、古府第28栋、古民宅36幢和古桥187座。

虚心劲节

鄱阳四洪家族

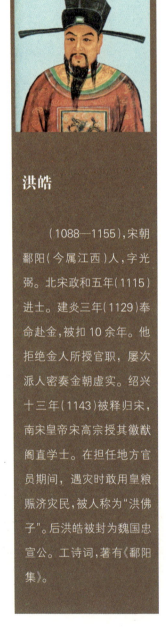

洪皓

（1088—1155），宋朝鄱阳（今属江西）人，字光弼。北宋政和五年（1115）进士。建炎三年（1129）奉命赴金，被扣10余年。他拒绝金人所授官职，屡次派人密奏金朝虚实。绍兴十三年（1143）被释归宋，南宋皇帝宋高宗授其徽猷阁直学士。在担任地方官员期间，遇灾时敢用皇粮赈济灾民，被人称为"洪佛子"。后洪皓被封为魏国忠宣公。工诗词，著有《鄱阳集》。

洪皓有三个儿子，长子洪适，次子洪遵，季子洪迈。洪氏兄弟三人都是以学识著称的官员。他们广识博学，十分注重自身的修养，正所谓修身、齐家、治国、平天下。这对当代人也有着十分重要的榜样作用。

从"鄱阳四洪"身上最能体现洪氏家训的核心内容。

鄱阳洪氏有着秉义、尚礼、积善、积德的世训。在鄱阳乡风的大框架内，在族权的旗帜下，头首长老们订立的族规宗训，大同小异，各有偏重，俱不外乎忠以事君、孝以事亲、义以睦族、敬以持己、恕以及物，这些族规宗训对族内子弟显示过强大的约束力，为宗族的发展做出过贡献；对管好一帮人、促成一种价值取向、形成一股社会合力做出过积极的贡献。家族宗训是因，家国情怀是果；家族宗训是因，龙马才俊是果。在当今追求社会和谐的现实生活中，在建设乡贤文化之时，洪氏家训仍有一定的积极作用。

《饶州府洪氏世训》曾引用《易》中的两句话，一句是："闲有家，悔亡。""闲"是防范的意思；"悔亡"就是"亡悔"，即无悔。意思是治家应从一开始就打好基础，立下规矩，防患于未然。这体现了家训的前瞻性。另一句是："有孚威如，终吉。""有孚"指有诚信，"威如"指有威严的样子。如果自己能够诚实有信，树立起威信，最终必将大吉。这体现了家法的强制性。

《饶州府洪氏世训》中的"读书尚礼"和《宿松洪氏家训》中的"尊师长""教子弟""振书香"一样,都能从中看到洪氏祖先的影子。洪氏的升腾,离不开洪士良(洪皓的曾祖父),离不开他对教育的重视。洪士良将两孙"挈诸城中,访先生之贤,力教之,因占籍鄱阳"(洪适《先君述》)。《饶州府洪氏世训》中的"出仕尽忠",也能见到洪皓的影子,且与洪氏宗祠对联"忠贞贯日,感动天颜"一脉相承。这体现了家族的传承性。

家族重要传承人物

■ **洪适**,洪皓的长子,在父亲被扣留时才13岁,他以父辈为榜样,刻苦学习,盼望日后能为国分忧。后官居尚书右仆射,同中书门下平章事兼枢密使。在从政的同时,他潜心研究金石,是有名的金石学家,著有《隶释》。

■ **洪遵**,洪皓的次子,官居同知枢密院事,著有《泉志》《翰苑群书》,是历史上有名的钱币学家。

■ **洪迈**,洪皓的季子,官居端明殿学士,尤以学识著名,其所著的《容斋随笔》广为流传。

洪适画像　　　　　洪遵画像　　　　　洪迈画像

家规家训

饶州府洪氏世训

训之为言，范也；典则风惩，为范最切。弗范，胡成家？《易》曰："闲有家，悔亡。"又曰："有孚威如，终吉。"然哉！作世训。甫田珠书。

一、为子者必孝顺而奉亲，为父者必慈祥而教子。为兄弟者徇乎友爱，以尽手足之情；为夫妇者持乎敬谨，以尽友宾之礼。无徇私情，以乖大义；无纵怠惰，以荒厥事；无事奢侈，以干宪章；毋信妇言，以间和气；无惹非横，以扰门庭；毋耽曲蘗，以乱厥性。有一于兹，既亏尔德，复殄尔声。眷兹世训，实系废兴，言之再三，各宜警省。

二、人家盛衰系乎积善与积恶而已。何谓积善？恤人之孤，周人之急，居家以孝弟，处事以仁恕，凡所以自修者皆是也。何谓积恶？欺凌孤寡，阴毒良善，巧施奸佞，暗弄聪明，恃己之势以自强，克人之财以自富，凡所以欺心者皆是也。是故能爱子孙者，遗之以善；不爱子孙者，遗之以恶。《诗》云："无念尔祖，聿修厥德。"天理人欲，自宜修克。

三、家之隆替，关乎内助之贤否。贤者，事舅姑以孝顺，奉丈夫以恭敬，待娣姒以温和，抚子孙以慈爱，如此之类是也。如其不贤，淫狎妒忌，纵意徇私，仗资财而欺凌柔弱，口舌而妄生是非，如此之类是也。呜呼！人同一心，事出各门，天道昭鉴，福善祸淫，为妇人者不可不钦。

四、妇人专以治内为事，出境远游，闺门大戒。非徒，起外人之议抑，且贻大族之羞。务全大纲，勿违祖训。

五、祖宗坟墓山林界址，各究详明，若有侵据，毋得徇情不理，有干不孝。

六、本宗同源共派之情，必须尊卑有等，长幼有序，有序无恃，富强欺凌贫弱，有干不义。

七、兄弟同气连枝，产业家资，务要公平均分，毋得偏私争竞，有干不仁。

八、出仕尽忠，必遵成宪；居家尽孝，克叙天伦。毋至贪虚悖逆，有玷祖德。

九、尊祖敬宗，和家睦族，毋得见利害义，逆理犯上，有伤风化。

十、祠宇修整，春秋祀典，必及时，无致疏违旷弛，有忝孝思。

十一、读书尚礼，交财尚义，毋致骄奢淫逸，贪得害理，有玷家声。

十二、富勿自骄，贫无自贱，毋恃久福，毋怨长贫，有堕志气。

十三、婚姻择配，朋友择交，毋贪慕富贵，失身苟贱，有辱宗先。

十四、周贫恤匮，济人利物，为善之本，毋悭贪鄙吝积而不散，以取怨害。

十五、珍玩奇货，丧家斧斤；诗书典籍，教家金宝。毋贱金宝，而贵斧斤，有累后胤。

十六、冠婚丧祭，称家有无，毋过俭，毋过奢，毋趋时尚，毋信浮屠，有违《家礼》。

十七、房舍如式，服饰从俭，毋事僭侈，毋习奢华，有干刑宪。得失有命，富当守富，毋萌欺夺之念；贫当安贫，毋怀觊觎之私，有干法律。

十八、男女居室，各分内外，为尊长者当时加警束，毋纵欲贪淫，有乱伦理。

十九、和睦邻里，仁厚之至，每遇患难，必相赴救，毋挟小忿，有乖大义。

二十、是非曲直，里族之贤者当秉公调释，毋坐视不理，以致成讼。

以上世训二十款，无非孝弟忠信礼义廉耻等事，各族当遵行而世守之，虽修齐治平之道，不外乎此，为贤子孙者，勉之戒之。

种德重义

周贫恤匮，济人利物，为善之本，毋悭贪鄙吝积而不散，以取怨害。

《诗》云："无念尔祖，聿修厥德。"天理人欲，自宜修克。

读书尚礼

读书尚礼，交财尚义，毋致骄奢淫佚，贪得害理，有玷家声。

尽忠爱国

出仕尽忠，必遵成宪；居家尽孝，克叙天伦。毋至贪虚悖逆，有玷祖德。

尚简戒奢

房舍如式，服饰从俭，毋事僭侈，毋习奢华，有干刑宪。

"洪佛子"

宣和年中(1119—1125),洪皓任秀州司录。那年发洪水,大量饥民流离失所,不断有人饿死。洪皓紧急报告郡守,自愿担任赈灾工作。他打开粮仓,低价卖出公粮救灾。当时浙东官粮船过境,洪皓要郡守将粮船扣留下来,郡守不同意,洪皓说:"我愿以自己一人来换10万人的性命。"百姓感动不已,称之为"洪佛子"。

建炎三年(1129),八月,洪皓奉命出使金朝,被拘留15年。绍兴十二年(1142)回归,宋高宗称他"忠贯日月,志不忘君,虽苏武不能过"。但是,洪皓因为官忠直而得罪了秦桧,被贬任英州（今广东英德）,直到绍兴二十五年(1155)死于任上。后来,朝廷恢复了他徽猷阁学士官职,封"鄱阳开国侯"爵位,谥号"忠宣"。他的墓葬在鄱阳古县渡烟波山。洪皓的一生是"为国尽忠,大节大义""富贵不能淫,威武不能屈,贫贱不能移"的大丈夫的一生。

洪迈奖惩严明治官军

淳熙十一年(1184),洪迈出知婺州(今浙江金华)。当地官军向来纪律松懈,动辄聚众闹事,地方官辖制不力。洪迈决心改变这种局面。

一次分发军服,兵士要求折价给钱,管事的官员不同意,这些兵士便聚众闹事,闯进守军将领的府衙,大嚷大叫,威逼将领同意给钱。将领害怕了,忙通知手下官员按兵士的意思办。适逢洪迈到任,知道了这件事,打算追究闹事者。这帮兵士骄纵惯了,哪里受得了这份气,马上在城门上贴出了污辱知州的榜文。洪迈经过调查,逮捕了其中的闹事主要人员48人。闹事兵士不肯罢休,再次成群结队哄闹起来。他们在洪迈赴衙途中，蜂拥而上拦截洪迈的轿子，逼洪迈放人。洪迈毫不惧让、镇定自若，厉言斥责道："这些都是犯了罪的人，请问你们和他们有什么关系？"闹事者一听，都害怕把自己与罪犯扯在一起，纷纷散去。洪迈把闹事主要人员带到衙门，审讯之后，将带头闹事的两个人押到市中心砍头示众，其余的或黥面，或打板子，都予以惩罚。其他未被抓起来的人看到新任知州执法无情，再也不敢聚众闹事了。

宋孝宗听说了这件事后，对宰相说："谁说书生怯懦，不能临事达权？"洪迈因功升迁为敷文阁待制。

人文地理

方位

鄱阳县，位于江西省东北部，鄱阳湖东岸，是江西省试点省直管县之一，由上饶市代管。

交通

鄱阳水、陆、空运皆发达。鄱阳县境内乐安河、西河、潼津河、昌江经鄱阳湖可直通长江。境内鄱阳港是江西省重要港口，千吨货轮可直达长江。

历史

鄱阳县，古称番(pó)邑、饶州。秦始皇二十六年（前221）置番阳县，治今址，以处番水之北得名，属九江郡。汉时更名鄱阳县。

名人

姜夔，南宋文学家、音乐家等。

"鄱阳四洪"——洪皓、洪适、洪遵、洪迈。

风景

境内景点有永福寺、牛头山、白沙洲自然保护区、莲花山国家森林公园、鄱阳湖国家湿地公园等。

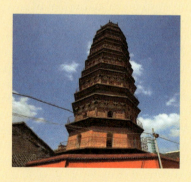

文章宗主

永丰欧阳修家族

欧阳修

　　（1007—1072），北宋政治家、文学家、史学家。字永叔，号醉翁，晚年更号"六一居士"，谥号"文忠"，世称欧阳文忠公，永丰县沙溪城南村人。"唐宋八大家"之一。官至参知政事。曾与宋祁合修《新唐书》，又独撰《新五代史》。工诗词，喜收集金石文字。有《欧阳文忠集》传世。

　　欧阳修家族的家训特色，可以用"清正廉洁"一词来概括。

　　欧阳修是宋代学者型政治家的杰出代表。他从政 40 年，官至参知政事，一辈子为改变宋王朝积贫积弱的局面而奋斗。从政前期，他不避危难，积极参与"庆历新政"；后期则坚持稳健改革，反对因循守旧。他为政力主宽简，不务虚名，讲究实效。在处世为人上，他风节自持，标举品节，力矫社会陋习，培育士林新风。他又首倡"君子与小人之辩"，高标儒家"名教"，经由数十年熏陶浸染，终使世风士气渐次振奋，形成宋代士林群体自觉的道德人格，开创宋人重人格、厚人品的时代精神。

　　欧阳修博学多能，学贯古今，成果丰硕。他主持编纂了《新唐书》，独立撰写了《新五代史》，在著名的"二十四史"中，他一人独占两史，且各具特色，实属难能可贵。此外，他的《集古录跋尾》开创了古代金石考古学的先河；他参编的《崇文总目》是我国现存最早的一部国家总书目；他编撰的《欧阳氏谱图》，创制宋代以后记载世系传承的谱图法，促进了我国谱牒学的繁荣发展。他还撰写了《六一诗话》《醉翁亭记》《归田录》《试笔》《寄题沙溪宝锡院》《泷冈阡表》《欧阳氏谱图》等经典诗文。

　　欧阳修的父亲去世后，留给家人唯一的遗

"画荻教子"石像

物是六幅《七贤图》。当欧阳修踏上仕途时,其母把《七贤图》挂在房内墙上,深情地对儿子说:"图中描绘了你父亲的为人、为官,他一生清贫,两袖清风,从不收非分之财,小心谨慎,克己奉公。"欧阳修聆听母亲的谆谆教诲,誓以父亲为榜样,立志"为吏至廉"。

景祐三年(1036),欧阳修在夷陵(今湖北宜昌)任县令时,发现基层官吏行政黑暗,存在种种弊端。他翻阅已结案的官司档案,发现竟有不少案子存在无中生有、黑白颠倒、徇私舞弊的情况,办成了冤假错案。为此,欧阳修暗暗发誓:"一定要让大家恪尽职守,勤于政事。"他首先整顿县衙吏治,健全各项制度,重新查处有问题的案子。通过调查核实,他依法纠正冤案、错案几十起,蒙冤受屈的人最终得以重见天日。欧阳修处理政事"因时而异"。他认为,治政如同医生治病,不在乎排场,不自我标榜,关键在于讲求实效,对百姓有利。 庆历三年(1043),欧阳修担任朝廷谏官,先后三次上疏:《论按察官吏札子》《论按察官吏札子第二状》《再论按察官吏状》。他强调刷新吏治,淘汰冗官。庆历四年(1044),欧阳修一再上疏,奏罢"贪秽之状,狼藉多端"的邢州知州郭承祐,主张为政就要铲除贪官污吏,澄清吏治。

欧阳修每到一处任职,均不忘带《七贤图》在身边,无时不以父亲清廉的事迹警醒自己,激励自己执法如山、秉公办案。他在滁州、扬州、青州任上,实施惠政,不图名誉、不求治迹、不扰民,政绩显著。青州百姓感其德,特为他建造生祠。欧阳修获此殊荣,从不提及,更加律己律人,不忘勉励晚辈恪守职责,做个不贪不占的好官。他有个侄儿叫欧阳通理,时任象州(今广西象州)司理,曾写信给欧阳修,要为他购买朱砂。欧阳修回信说:"昨中书言,欲买朱砂来。吾不缺此物,汝于官下,宜守廉,何得买官下物。吾在官所,除饮食物外,不曾买一物,汝可观此为戒也。"由此可见,欧阳修非常懂得关心和教育晚辈,引导他们忠于职守、义不苟取。欧阳修还在《与十三侄奉职书》中说:"每事当思爱惜,守廉守贫,慎行刑,保此寸禄而已。"书中既教育晚辈要珍惜禄位,又真诚地劝诫晚辈要谨慎治政,廉洁自守。欧阳修还担心后人做糊涂官,特意请工匠把珍藏的《七贤图》精工裱装,作为欧阳家传世之宝,使子孙不忘祖宗清廉家风。

家族重要传承人物

■ **欧阳观**(952—1010),欧阳修之父,宋真宗咸平三年(1000),49岁的欧阳观考中进士,开始步入仕途。他先后任道州(今湖南道县)判官,泗州(今安徽泗县)、绵州(今四川绵阳市)推官,最后做过泰州(今江苏泰州市)判官。欧阳观死后归葬于故乡永丰县沙溪镇之泷冈。他和夫人郑氏的合葬墓至今保存完好。欧阳修任参知政事(副相)之时,皇帝追封其父为崇国公,追封其母郑氏为魏国太夫人。

欧阳氏家训

　　修不幸，生四岁而孤。太夫人守节自誓；居穷，自力于衣食，以长以教，俾至于成人。太夫人告之曰："汝父为吏廉，而好施与，喜宾客；其俸禄虽薄，常不使有余。曰：'毋以是为我累。'故其亡也，无一瓦之覆，一垄之植，以庇而为生；吾何恃而能自守邪？吾于汝父，知其一二，以有待于汝也。自吾为汝家妇，不及事吾姑；然知汝父之能养也。汝孤而幼，吾不能知汝之必有立；然知汝父之必将有后也。吾之始归也，汝父免于母丧方逾年，岁时祭祀，则必涕泣，曰：'祭而丰，不如养之薄也。'间御酒食，则又涕泣，曰：'昔常不足，而今有余，其何及也！'吾始一二见之，以为新免于丧适然耳。既而其后常然，至其终身，未尝不然。吾虽不及事姑，而以此知汝父之能养也。汝父为吏，尝夜烛治官书，屡废而叹。吾问之，则曰：'此死狱也，我求其生不得尔。'吾曰：'生可求乎？'曰：'求其生而不得，则死者与我皆无恨也；矧求而有得邪，以其有得，则知不求而死者有恨也。夫常求其生，犹失之死，而世常求其死也。'回顾乳者剑汝而立于旁，因指而叹，曰：'术者谓我岁行在戌将死，使其言然，吾不及见儿之立也，后当以我语告之。'其平居教他子弟，常用此语，吾耳熟焉，故能详也。其施于外事，吾不能知；其居于家，无所矜饰，而所为如此，是真发于中者邪！呜呼！其心厚于仁者邪！此吾知汝父之必将有后也。汝其勉之！夫养不必丰，要于孝；利虽不得博于物，要其心之厚于仁。吾不能教汝，此汝父之志也。"修泣而志之，不敢忘。

欧阳修教子之《诲学说》

　　玉不琢，不成器；人不学，不知道。然玉之为物，有不变之常德，虽不琢以为器，而犹不害为玉也。人之性，因物则迁，不学，则舍君子而为小人，可不念哉？付奕。

欧阳修教子之《李邕笔说》

　　余书惟用李邕笔，虽诸葛高、许颂皆不如意。邕非金石，安知其不先朝露以填沟壑？然则遂当绝笔，此理之不然也。夫人性易习，当使无所偏系，乃为通理。适得圣俞所和《试笔诗》，尤为精当。余尝为原甫说，圣俞压（押）韵不似和诗，原甫大以为知言。然此无他，惟熟而已。蔡君谟性喜书，多学，是以难精。古人各自为书，用法同而为字异，然后能名于后世。若夫求悦俗以取媚，兹岂复有天真邪？唐所谓欧、虞、褚、陆，至于颜、柳，皆自名家，盖各因其性，则为之亦不为难矣。嘉祐四年夏，纳凉于庭中，学书盈纸，以付发。

家训家风故事

欧阳之母"画荻教子"

欧阳之母(981—1052),是一代文宗欧阳修的母亲郑氏,系出江南望族,知书达礼,恭俭仁爱,嫁给欧阳观之后,生有一双儿女。

咸平三年(1000),欧阳观考中了进士,后来做过几任地方幕僚小官,妻子郑氏跟随丈夫浪迹各地,但小日子过得还算安稳。景德四年(1007)六月,在四川绵州欧阳观的推官官衙里,一个"耳白于面"的男婴呱呱落地,这就是后来的北宋文坛宗师欧阳修。这个小男孩的降生,给这个原本平和的家庭增添了几分乐趣。可惜好景不长,欧阳修4岁那年,欧阳观被调到江苏泰州当判官,不久便染病去世了。

欧阳观是个地方小官,俸禄非常微薄,但他的性格非常开朗,为官清廉,喜欢结交朋友,接济穷人,克己奉公,所以家里财物从来没有结余。他还经常对家人说:"不要因为财物而坏了我的声誉。"欧阳观突然去世,家里不仅没有了经济来源,就连一间房屋和一寸土地都没有。郑氏带着幼小的欧阳修兄妹举步维艰。在迫不得已的情况下,郑氏向当时在任湖北随州推官的小叔子欧阳晔请求帮助。在欧阳晔等亲人的帮助下,第二年,郑氏才将丈夫的灵柩送到永丰沙溪安葬。葬礼办完后,为了有个照应,郑氏还是带着一双儿女来到随州,投靠小叔子欧阳晔。在随州城里,住所虽然简陋,生活虽然简朴,但有小叔子一家的关心照顾,欧阳之母内心还是感到很踏实,也很欣慰。为了不给欧阳晔增加过重的负担,欧阳之母一边靠纺纱织布和替人做针线活来增加一点收入,一边自己种植些蔬菜水果来改善生活,一家三口人还算生活得有滋有味,其乐融融。欧阳之母是个有远见卓识的伟大女性,也懂得如何从小培养和教育孩子，所以经常给欧阳修讲述父亲欧阳观怎样尽孝又如何为官处事的故事。她要求儿子做人一定要心存仁义，孝顺长辈;处世一定要正直公正，光明磊落。

转眼间，欧阳修到了上学的年龄，其他同龄孩子都进书馆念书去了，年幼的欧阳修不知道进书馆念书要一笔很大的费用，总在家里向母亲哭闹着要上学念书。欧阳之母看在眼里，急在心头，一时想不出更好的办法来，就一边哄着孩子，一边暗下决心，打算亲自来当儿子的启蒙老师。她遇到的第一个难题，就是没有课本。欧阳之母就回忆起李白、杜甫等名人的诗文来，一字一句地教儿子读、让儿子背。紧接着第二个难题又来了，没有纸笔怎么教儿子识字写字？正当欧阳之母为这个问题犯愁时，有一天，她在河边洗衣服，突然几阵"飕飕飕"的霜风吹得河滩上的芦苇一片狼藉，被折断的芦苇秆把一片平平整整的沙地画得沟壑纵横，有的杂乱无章，有的像图案。欧阳之母被这一景况激发了灵感，得到了启迪，于是她赶紧回家，找到竹篓、锹铲和镰刀，来到河边，铲些细沙，割些荻秆带回家中，在家里找来一个大盘子，在盘子里铺上细沙，抹得平平整整，手里拿着荻秆，把欧阳修叫到跟前说:"孩子，娘帮你找到了笔和纸，从今往后，娘不仅可以教你诵读诗文，还可以教你写字习文呢。"欧阳修惊奇地问:"娘，笔和纸在哪里呀？"欧阳之母指着沙盘和手中的荻秆说:"儿，这就是笔和纸呀!"说完欧阳之母就用荻秆在沙盘上一笔一画地教欧阳修写起"天""地""人""日""月"等字样来。欧阳修既好奇，又高兴，就这样照着母亲的指点，在沙盘上边念边写，一丝不苟地学，反反复复地练，持之以恒地坚持下来，不到10岁，就能写出像成年人一样老练的文章来了。由于有这样一种艰苦环境的磨练，有这样一位仁爱贤惠的母亲教导，欧阳修后来脱颖而出，一举成为文坛泰斗、史学巨擘。欧阳之母"画荻教子"的典故因此传颂古今，蜚声中外，欧阳之母也被誉为中国古代"四大贤母"之一。

欧阳之母"画荻教子"的故事，既是一个中国古代成功育人的范例，也是一个中国古代母教文化的典范,它鞭策了一批批学子刻苦努力,奋发向上;激励了一代代中华儿女忠孝节义,勇往直前。这对中国文化的发展和中华文明的进步,影响深远,意义重大。

欧阳修勤政清廉

皇祐二年(1050)七月一日,欧阳修改任应天府知府,兼南京(今河南商丘)留守司事。南京是北宋陪都之一,人口稠密,商业繁华,又是汴河南北交通要冲,贵臣显要来往不断。欧阳修治理南京不搞繁文缛节,而是顺应自然,讲究实效,对过往宾客的接待一视同仁。这样,难免得罪某些权臣,有的还散布流言蜚语污蔑欧阳修贪赃枉法,这事很快传到宋仁宗耳边。开始,仁宗对传闻不加理睬,后来又不断听到近臣说欧阳修的坏话,仁宗将信将疑,于是下旨让京东路安抚史陈升之速去调查有关欧阳修的传闻。

陈升之接旨后,不敢耽误片刻,带上随从赶到南京,微服私访。他刚进城,恰逢欧阳修正在接待来往宾客。陈升之眼见欧阳修的待客之道,似有所悟。为了掌握真实情况,他走访了应天府的官吏、商贾、大户、乡村老农等,大家都认为欧阳大人实行"宽简政治",以宽避苛,宽而不纵;以简御繁,简而不略。这一政策使吏治有条不紊,社会安定和谐。欧阳修深受民众欢迎,众人说他像一支照天蜡烛。陈升之经过一段时间的调查了解,终于弄清楚那些所谓的传闻,都是一些只图虚荣、不办实事的达官贵人对欧阳修的诽谤。他回到京城,便如实向皇帝奏报欧阳修在南京的政绩及当地老百姓对他的颂扬。皇帝听了高兴地说:"勤于政事,清廉为民,如欧阳修者何处得来?"

自从皇帝对欧阳修的称赞和南京的老百姓给予欧阳修"照天蜡烛"的美名传开后,欧阳修深得当时士大夫们的敬慕。

欧阳修倡廉风

北宋熙宁三年(1070)四月,欧阳修带着自撰的《泷冈阡表》回故乡祭祖。他原本想走陆路,但对沿途地方官员兴师动众迎送的做法十分反感,因此只好改走水路。他从运河南下入长江,进鄱阳湖,再转赣江,日夜兼程回到故乡永丰。为不惊动地方县府,他便直接投宿码头客栈。欧阳修信步来到一家酒楼,一进门便问:"店家,生意兴隆么?"酒店老板一见是欧阳修,连忙说:"托您的福,买卖兴隆得很。"可是,老板心存疑惑,欧阳修是当朝副宰相,如今衣锦还乡,按道理应少不了公家接待,来个大操大办,缘何自掏腰包住客栈呢? 于是,他心生一计,试探试探,一来想考考欧阳修的学问,二来试探欧阳修的为人,便笑着招呼欧阳修稍坐片刻,即去弄几个家乡菜给欧阳修下酒。不一会,酒保端来三菜一汤,叫欧阳修慢慢享用。随从一看,怒火顿生,想斥责老板,欧阳修赶紧制止。这四道菜:第一道是两个煮熟的蛋黄放在青蒜叶子上;第二道是青菜叶铺底,上面排放一行用蛋白切成的小薄片;第三道是盘子里倒扣着两块蛋白,周围撒上细碎的白葱花;第四道是用景德镇出产的腰型瓷罐盛汤,汤里有几块长条形的豆腐。欧阳修一见桌子上的菜,便深知酒店老板的用意,于是微微一笑,津津有味地吃了起来。一会儿,酒店老板擦着两只油渍渍的手,走到欧阳修身旁问:"客官,这几道菜味道如何?"欧阳修答曰:"色香味美,又有诗意。"众人一听,都觉得奇怪。欧阳修见大家惊奇,便站起身来指着菜肴,吟诵起杜甫的《绝句》:"两个黄鹂鸣翠柳,一行白鹭上青天。窗含西岭千秋雪,门泊东吴万里船。"酒店老板一听欧阳修吟出这首诗,连忙躬身施礼:"大人不仅饱读诗书,才华横溢,而且克己奉公,为官清廉,果然名不虚传。刚才小人有眼不识泰山,请受小人一拜。"欧阳修见状连忙扶起老板,拍着老板的肩膀说:"家乡人,难得,难得,有你这样手艺高超又识大体的老板,来日一定大发。"酒店老板见欧阳修雅兴正浓,连忙端来笔墨请欧阳修题写店名。欧阳修挥毫写下"醉翁楼"三个字。后来,人们招待客人都用"三菜一汤"。"醉翁楼"清风习习,名扬天下,如今,在全国各地还有不少"醉翁楼"呢。

人文地理

⊕ 方位

永丰县，位于江西省中部、吉泰盆地东沿，东邻乐安县、宁都县，南接兴国县，西与吉水县、吉安市青原区毗连，北和峡江县、新干县接壤。

✈ 交通

永丰县对外交通主要依靠公路，境内有昌宁高速公路，抚吉高速公路，省道 S223 线、215 线等交通干线穿越其中。

⧖ 历史

永丰历史悠久。秦始皇二十四年（前 223），秦灭楚，地域属秦；始皇二十六年（前 221）属庐陵县。北宋至和元年（1054）置永丰县。

☺ 名人

以欧阳修为代表的文学家，以聂豹为代表的理学家，以郭汝霖为代表的外交家，以曾民瞻为代表的天文学家，以罗开礼、宋仪望为代表的爱国英雄，构成"庐陵文化"的丰富内涵。

⌂ 风景

西阳宫为欧阳修故里所在。西阳宫原为一所道观，叫西阳观，又因欧阳修的父亲叫欧阳观，为避"观"字之讳，故改"西阳观"为"西阳宫"。

永叔公园是以欧阳修的名字而命名的一座园林式公园，内有"欧阳修纪念馆"。

映日荷花

吉水杨万里家族

杨万里

（1127—1206），南宋著名文学家、爱国诗人。字廷秀，号诚斋，庐陵（今江西省吉水县黄桥镇湴塘村）人。南宋光宗曾为其亲书"诚斋"二字，学者称其为"诚斋先生"。与陆游、尤袤、范成大并称"南宋四大家""中兴四大诗人"。官至宝谟阁学士，封"庐陵郡开国侯"，卒赠"光禄大夫"，谥号"文节"，被誉为庐陵"五忠一节"之一。有《诚斋集》等作品。

　　杨氏家族历史悠久，人口众多，英才辈出。"在皇为皇轩，在帝为帝喾，在王为周武，在霸为晋文，此之谓不朽。西京为丞相，东汉为司徒，魏室为九卿，晋朝为八座，此之谓代禄"，诚为华夏一显赫家族。庐陵杨氏素以名门望族而著称，胄出东汉太尉杨震，其二十一世孙杨辂唐末时由虞部侍郎转任吉州刺史，因爱庐陵山水之美，遂安家庐陵。1100多年的沧桑岁月，使庐陵杨氏积淀了深厚的文化底蕴，形成独具特色的家族文化，以至人们谈气节，必谈杨邦乂；谈诗文，必谈杨万里；谈廉洁，必谈杨长孺。杨氏英才之辈出，忠节之闻名，文风之鼎盛，不仅名震江南，而且饮誉全国。

　　庐陵杨氏以名门望族、贤士众多、诗文最显、忠节俱备、古迹甚丰而闻名。其姓氏之显，诚如状元罗洪先所说："诸族有不自湴塘、杨庄徙者，虽在吉水，不得称雄长于诸邑。故谱庐陵杨氏者，必由吉水；而在吉水，尤以出于湴塘、杨庄为重。"其家风之淳，如明初官员杨季琛说："吾杨氏自侍郎公始迁庐陵，子孙蕃衍，以诗礼为菑畲，以勤俭为耕获，以礼义为储廪，以清白为世业，登科名、跻膴仕者，代不乏人。"

　　据光绪《忠节杨氏总谱》记载：杨家庄、湴塘村籍历代杨氏中进士者23人，中举人者55人，仕进者201人。仅宋代，杨家庄中进士者9

人，涩塘村中进士者4人，诚如杨万里所言："自国朝以来至于今，第进士者十有三人，杨家庄居其九：曰丕、曰纯师、曰安平、曰求、曰同、曰邦义、曰迈、曰炎正、曰梦信；涩塘居其四：曰存、曰杞、曰辅世、曰万里。"此外，还有杨以伦等未获得功名的知名人士30余人。

《杨文节公家训》是杨万里致仕回乡后为家族谱序所作的，虽然只是收录在庐陵涩塘杨氏族谱中，似乎他写作的读者对象只是庐陵杨氏子孙，但是后来的实践告诉我们，《杨文节公家训》的影响远远不止于此。这篇由杨万里所撰写的杨氏家训，不仅是庐陵杨氏的一部治家、传家之训，而且还成为中国传统社会的治家传家之范本，广为传颂。

《杨文节公家训》之所以能被大家所认可并推崇，一是它很好地体现了中国传统社会中的传家之道、承家之本。毋庸置疑，如何发展和传承家族是中国古人常常思考的重要问题。清代学者金缨在其《格言联璧》一书中就对中国传统的家族发展和传承问题进行了很好的总结，他说："勤俭，治家之本；和顺，齐家之本；谨慎，保家之本；诗书，起家之本；忠孝，传家之本。"勤俭、和顺、谨慎、诗书和忠孝确实是中国传统家族最为重视的。一个家族如何发展、传承，首先要能够治家，治家的根本就在于勤、俭二字，家族成员要勤劳，这样，家族才能富裕。富裕之后家族成员还要俭朴，不可奢靡，如此，家族才能传承下去。故杨万里在家训中也是首先围绕此二字展开的。他告诫子孙不可懒惰，要通过家人的勤劳努力，尤其是家庭成员要有良好的合作分工，比如男子耕种，女子纺织，这样，家庭才会兴旺起来。家族兴旺之后资产有富余，家人则要注意节俭，要知道家中任何一样财物的获得都是非常不容易的。如果不节俭，哪怕给你金山银山也会坐吃山空。二是它很好地诠释了中国传统社会的为人基准，告诫子孙为人要做到基本的四点——忠、孝、勤、俭。如何对上忠于君，这是传统社会不可回避的一个道德基准；如何忠实于你所交往的朋友，这也是为人处世的根本基准。孝为德之本，中国传统社会判断一个人的道德基准,首先是在孝,即对你的父母要像对天、地一样尊敬、孝敬。勤劳不仅是治家之本,而且也是一个人承担自身责任的基准。俭朴是一个家庭要优先考虑的持家基准。因为家大难当,如果不考虑你的收入与支出,随意用度,家庭就很难维持。应该说,杨万里对其家族成员及后人所说的这四点内容也是中国传统社会为人治家的基准。正因如此,它才能够成为被后世大家所认可、所接受、所推崇的家训之范,传承800余年而仍然熠熠生辉。毋庸置疑,在庐陵湴塘杨氏家训的形成发展过程中,有诸多杨氏先贤不断地在发展和传承着家训文化,而杨芾、杨万里和杨长孺祖孙三代则是其中煌煌可称者。

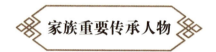

家族重要传承人物

■ **杨芾**(1096—1164),字文卿,号南溪居士,吉水县黄桥湴塘村人,南宋大诗人杨万里的父亲。《宋史》载:"性至孝,归必市酒肉以奉二亲,未尝及妻子。绍兴五年大饥,为亲负米百里外,遇盗夺之不与,盗欲兵之,芾恸哭曰:'吾为亲负米,不食三日矣。幸哀我。'盗义而释之。"

■ **杨长孺**(1157—1236),原名寿仁,字伯子,号东山,吉州吉水(今属江西)人。杨万里之长子。绍熙元年(1190)以荫补永州零陵簿。宁宗嘉定年间知湖州,寻改赣州。嘉定九年(1216),迁广东经略安抚使兼知广州。嘉定十三年(1220),改福建安抚使兼知福州。理宗端平中以忤权贵致仕。著有《东山集》(已佚)等。

家规家训

杨文节公家训

吾今老矣,虚度时光。终日奔波,为衣食而不足;随时高下,度寒暑以无穷。片瓦条椽,皆非容易;寸田尺地,毋使抛荒。疏惰乃败家之源,勤劳是立身之本。大富由命,小富由勤。男子以血汗为营,女子以灯火为运。夜坐三更一点,尚不思眠;枕听晓鸡一声,全家早起。门户多事,并力支持。栽苎种麻,助办四时之衣食;耕田凿井,安排一岁之粮储。育养牺牲,追陪亲友。看蚕织绢,了纳官租。日用有余,全家快活。世间破荡之辈、懒惰之家,天明日晏,尚不开门,及至日中,何尝早食?居尝爱说大话,说得成,做不成;少年多好闲游,只好吃,不好作。男长女大,家大难当。用度日日如常,吃着朝朝相似。欠米将衣去典,无衣出当卖田,岂知浅水易干,真实穷坑难填。不思实效,惟务虚花。万顷良田,坐食亦难保守。光阴迅速,一年又过一年,早宜竭力向前,庶免饥寒在后。吾今训汝,莫效迟遭。因示后生,各宜体悉。

忠:上而事君,下而交友,此心不亏,终能长久。

孝:敬父如天,敬母如地,汝之子孙,亦复如是。

勤:日出而作,日入而息,凿井而饮,耕田而食。

俭:量其所入,度其所出,若不节用,俯仰何益?

家训家风故事

庐陵杨氏之所以能有如此显耀的名声和响亮的名片,是因为庐陵杨氏的家风淳、家训正。其中以杨芾、杨万里和杨长孺祖孙三代为中心的杨氏在家训家风方面尤其值得称道。

杨芾亲身垂范

杨芾自己非常乐于读书、买书、藏书,同时,他更注重子女的读书教育,培养子弟读书仕进。

绍兴二十四年(1154),儿子杨万里考中进士,从而进入仕途。杨芾一方面为儿子高兴和自豪,因为中第入仕也是他一辈子的追求,自己没能实现的理想,儿子实现了;另一方面他又为儿子感到担忧,因为他知道官场复杂,加之自己家里又是普通人家,没有什么背景,儿子的个性又比较耿直,恐怕难以适应官场的生活。于是杨芾对杨万里进行官德教育,要他始终树立良好的为官品德,如此才能正直为官。绍兴二十六年(1156)春,杨万里到赣州任职还不到一个月,因不合流俗而厌恶官场,便想效仿老师王庭珪弃官归隐。杨芾听后勃然大怒,甚至把杨万里当作小孩一样鞭打他,以此来制止他辞官的行为。假若不是杨芾用棍杖鞭打杨万里,并对他进行正确的官德教育,杨万里很有可能真的弃官归隐。

此外,杨芾还对杨万里进行廉政教育。杨万里任赣州户掾(分管赣州户政工作的副手)、零陵县丞期间,杨芾对杨万里不放心,搬来与儿子住在一起。每次杨万里要从官舍到官署去办公,杨芾就会对他说:"你只要生活节俭就不会想收受贿赂。"杨万里谨记父亲"俭则不贿"的教诲。绍熙二年(1191),杨万里任江东转运副使,协助转运使掌握江东路的财赋,并兼领考察地方官吏、维持治安、清点刑狱、举贤荐能等职责,身居高位的杨万里却分厘不贪。绍熙四年(1193),有人给韩侂胄打小报告,说杨万里回乡时带了八箱七笼。一直对杨万里怀恨在心的韩侂胄认为这次可以好好整一整杨万里了(当年韩侂胄的南园落成,请杨万里为其作一篇记文,遭到杨万里的拒绝)。于是韩侂胄派人去追查杨万里,希望抓住杨万里的"小辫子",但派去调查的人看到杨万里所带的东西后非常惊讶——杨万里运回家的根本不是金银财宝,也不是锦罗绸缎,而是几大箱书。光宗皇帝听说此事后,极为钦佩杨万里的清廉。当得知杨万里省吃俭用购买数千册书带回乡教育子孙时，他更加感动。后人称杨万里"清得门如水，贫唯带有金"，以赞誉杨万里的清廉。

同时，杨芾为了激励杨万里成为一个忠君为民的优秀官员，他还陪同儿子杨万里去拜见当时一些力主抗金的名臣和有节操的名儒，如名士张九成、胡铨等。可以说，后来杨万里在为诗、为仕和为人方面能够成就斐然，成为一代诗宗和清廉名臣，与杨芾的家庭教育是密不可分的。

杨万里教子为官

杨万里教子为官的故事在《杨文节公官箴》中有记载，大儿长孺试邑南昌，辞行，问政于诚斋老人。告之曰："一曰廉，二曰恕，三曰公，四曰明，五曰勤。"因作《官箴》以赠之，曰："吏道如砥，约法惟五。畴廉而残，畴墨而恕。兼二斯公，别无公处。二者备矣，我心匪通，兹谓不明，借黠为聪。夙夜惟勤，乃克有终。"

杨万里写好这首官箴后送给杨长孺，并进一步对儿子解释道："为官之道就如同磨刀石，你做官一定要像时常磨刀一样，常常警醒自己做到廉、恕、公、明、勤五个字。与清廉相伴，你就要凶狠；与刑罚相伴，你就要宽恕。兼有以上二者就是公，这个公可以运用到很多地方。两者都具备了，自己心里还不会融会贯通，这就是还不贤明，把小机谋当作聪明。在朝为官做事，要时时刻刻想到一个字，那就是勤，只有做到勤，才能成为一个优秀的官员。"

杨长孺继承家训

杨长孺不仅继承了爷爷杨芾读书、爱书的传统，而且继承了父亲杨万里刚正不阿的为官之道和勤劳节俭的生活作风。

杨长孺在朝为官始终表现出刚正不阿的高尚品格。据《鹤林玉露》记载，杨长孺任湖州知州时，敢于抨击权贵，打压豪绅，为百姓撑腰，被宋宁宗赞为

"不要钱,是好官"。在任福州知州兼福建安抚使时,皇亲强宗拒租抗税,欺压百姓,杨长孺亲率衙差上门捉拿。强宗倚仗皇亲身份,态度傲慢。杨长孺刚正不阿、不畏强权,最终让强宗屈服认罪。

杨长孺在生活中则始终秉承杨氏家训中的勤劳节俭。杨长孺和罗大经是好朋友,有一次他和罗大经聊天,说道:"士大夫受一文,不值一文。从来有名士,不用无名钱。"杨长孺对自己和家人都很节俭,但对贫苦百姓却十分大方。他任广东经略安抚使一职时,天天粗茶淡饭,缩衣节食,却把自己的七百万钱俸金"代下户输租",深受百姓爱戴。百姓所撰写的《代民输租》诗记录的正是此事:"两年枉了鬓霜华,照管南人没一袴。七百万钱都不要,脂膏留放小民家。"有一年广东遭遇大旱,百姓民不聊生。杨长孺在路上时不时看到携家带口、病态老弱的老百姓,他们个个身着破旧的衣服,背着破旧的布袋,艰难行路。杨长孺让随从打听情况,得悉老百姓是被税吏逼得走投无路,只好弃家逃难。他回到衙署,责令税吏减免老百姓的税目,税吏回道:"大人,税收收不上来,上级下达的税收任务无法按期完成,如何是好?"杨长孺厉声道:"天下大灾,民不聊生,我们还雪上加霜,叫老百姓怎么活啊?无论如何先把老百姓的赋税减免,有什么责任由我承担。"杨长孺回到家中,寝食难安,心想:老百姓的赋税不能加重,可上面的税收任务如何完成呢?他把管家叫过来,问家里的积蓄有多少,然后要管家把家里所有的积蓄共七百万缗钱交到税官那里去。管家不理解也不愿意,杨长孺说:"这七百万钱是我多年的俸禄,俸禄都是来自老百姓的血汗钱,老百姓现在有困难,我应该返还给老百姓。"杨长孺的事迹广为流传,为同僚们所钦佩,也受到了宋宁宗的赞许,宁宗称赞道:"杨长孺,当今廉吏也。"

祖父杨芾在吉水湴塘老家没有留下什么物质财富,只留下了三间茅屋。杨万里辞官回到家乡时正是住在父亲杨芾留给他的这三间茅屋中,创作了数千首脍炙人口的诗篇。杨长孺效仿父亲,辞官回到湴塘时也是住在这三间茅屋中。这时茅屋已易三代,破损不堪。即便如此,杨长孺也不肯花钱修葺。因为这是祖父和父亲留给他和子孙的家产,祖父和父亲希望他能把这种勤劳节俭的杨氏家风代代传承下去。当时,吉州太守史良叔离任,到杨长孺家向他辞别,入门后见杨长孺家境如此清贫,于是感叹之余叫画工将杨长孺家的祖宅及清苦生活场景用书画定格下来,然后奏报朝廷,一方面希望引起朝廷的重视,另一方面对杨氏家风表示崇敬。更为可敬的是,一代廉吏杨长孺晚年十分贫困,病重时,竟无钱准备殓材。好在这时他的好朋友广西安抚使赵季仁赠送他一些财物,如此才得以购置衾材。节俭如此的杨长孺被后人称赞"门风不坠,可敬可师"。

人文地理

✛ 方位

吉水县，位于江西省中部，赣江中游，吉泰盆地东北部，京九铁路中南段。东邻永丰县，北接峡江县，西接吉安县，南连青原区。赣江与恩江合行洲渚间，形若"吉"字，吉水由此得名。

✈ 交通

境内赣粤高速公路、京九铁路、105 国道、赣江水道四条大动脉纵贯而过。

⧗ 历史

吉水古称石阳县，建县时间为东汉永元八年(96)，县治设今醪桥镇固洲村，距今有 1900 多年的历史。

☗ 名人

历史文化名人有杨万里、解缙、杨邦乂、胡广、罗洪先、杨苹、杨长孺等。

☗ 风景

县境内主要景点有峰峦叠嶂、乱云飞渡的大东山，峰头如笔、传说神奇的文峰山，怪石林立、古木参天的石莲洞，四面环水、繁花似锦的桃花岛；"历史文化名村"燕坊，省级"历史名村"桑园、仁和店；具有"江南第一墓"之称的三国东吴古墓，历史文化名人解缙、杨万里的故居等。

庐陵风骨

吉安欧阳守道家族

欧阳守道

　　（1209—1273），南宋教育家，字公权，一字迂父，初名巽，晚号巽斋，学者称其为"巽斋先生"。吉州庐陵（今江西吉安）人。历任于都主簿、赣州司户、白鹭洲书院第一任山长、岳麓书院副山长、史馆检阅、秘书省正字、校书郎兼景宪府教授、秘书郎，因奸臣谗言被罢官。后起用为通判，建昌军，迁著作佐郎兼崇政殿说书。宗朱熹之学，讲学以孟子的"正人心，承三圣"之说为主要内容。其主要著作有《易故》和《巽斋文集》。文集中的《赠了敬序》是岳麓书院历史上最重要的史料之一。

　　欧阳守道年幼丧父，家庭生活贫困，从小就要帮助母亲劳动。但他"意念所向，无一日不在书也"，故在劳作之余，手不释卷，发奋自学。长大以后，他回忆当时的情况，曾经这样说过："予未第时，艰难困苦不减君，惟稍稍知书之有味，不肯舍去。"《宋史》中也是这样记载："少孤贫，无师，自力于学。"乡里人见他淳朴厚道，聪颖好学，便请他出来做自己孩子的老师。他一边教书，一边继续自学，不到30岁就以"文章行谊"著称，成为乡郡儒宗。文天祥、邓光荐、刘辰翁等皆出其门下。

　　欧阳守道中进士后，在赣州任司户参军。此时，吉州知州江万里为了推进教化，培养庐陵才俊，创办了白鹭洲书院。淳祐二年（1242），江万里聘请名儒欧阳守道回乡，担任第一任白鹭洲书院的山长。欧阳守道学问渊博，品行正直，把书院管理得井然有序，为培养吉州人才做出了突出贡献。尤其是他倡导民主的学风，师生可以互相探讨学问，使学生思想活跃，眼界开阔。在他的领导下，书院越办越好，不仅吉州的青年踊跃入学，邻近州县的年轻人也慕名而来。宝祐四年（1256），文天祥考中状元。除文天祥外，白鹭洲书院还有40人考取了进士，江西因此在全国名列前茅。理宗皇帝特御书"白

鹭洲书院"匾额以示奖励，使书院
名扬天下，成为江西的"三大书
院"之一。这位桃李满天下的名
师，在官场 10 多年的大臣，一生
廉洁无私，清贫守节。 欧阳守道
任山长时，不少达官贵人将子弟
送来求学，请他关照。可他对学生
不论家庭贫富，一视同仁。富绅送
来的礼物，他一概回绝。任山长十
几年，他仍住在破旧的住所之中。
他的兄长早逝，两个侄儿由他抚
养。侄儿要成家了，可他拿不出什
么钱财资助，只好向学生文天祥
求助。文天祥也无多少积蓄，只好

白鹭洲书院高中状元的文天祥

把原先在朝廷任太子老师时，皇帝奖赏给他的一只金碗，借给欧阳守道去当
铺典当，当出一些银两。欧阳守道这才给侄儿办好了婚事，了却了一桩心愿。

家规家训

食箴（训小侄）

　　厥初生民，未有火化，茹毛饮血，久乃教稼。教稼伊何？时维神农，播时百谷，
后稷嗣功。嗟此粒兮，古云艰食，冻耕热耘，农夫之力。今我一饱，孔逸且安，不历
田亩，俦知艰难。对食而思，人当知足，素餐是愧，敢餍于腹。维此疏食，以实予饥，
过此有求，非分所宜。贪暴无餍，名曰饕餮，干求无耻，名曰餔啜。不可纼臂，不可
朵颐，饮食之人，则人贱之。先知艰难，次顾廉耻，是谓食箴，以励汝也。

——《巽斋文集》卷二七

吉州知州江万里

咸淳二年（1266），欧阳守道在朝中任秘书郎之职，因与权臣不合，被罢免官职。他离开京城回乡时，没有带任何金银财宝，行李只有两箱书和洗换的衣服而已。他十分痛恨贪利之臣，在向朝廷提出的奏章中表示："欲足国裕民，必令天下臣工一洗贪黩之陋。"他认为必须肃清官场的腐败，国家才能长治久安。他一生坚守清贫，不图私利，以至于他病逝时，家中无任何积存之资，还是由学生们捐资才得以殓葬。他去世后，江万里为之撰写墓志铭；文天祥为之写下感人肺腑的祭文；学生刘辰翁等以及当时的名流纷纷前来哀悼。他清廉的品行，成为一代代庐陵人的标杆。

好学正直、廉洁无私是欧阳守道家训的主要特色。

家族重要传承人物

■ 欧阳珣（1081—1126），字全美，吉州庐陵永和人。欧阳珣少聪而敏慧，稍长，就学于仁颖书院。崇宁五年（1106），欧阳珣登蔡疑榜进士，初授忠川教授，改知杭州盐官县，后迁南安军司录，为北宋抗金英雄。

家规家训

劝学箴（训子）

丙午十二月四日，笔墨少暇，感岁事之将阑，念儿年之浸长，训以一卷，未克专心，大惧因循，至于失学，怀不能已，作韵语以贻之。篇首本之得姓以来，效用陶靖节体也。

欧阳之系，姒姓其先，脱民于患，禹功则然。遂宅天下，惟有历年，在帝少康，祀夏配天。崇崇会稽，禹迹所止，帝迹其地，胙封庶子。跨商历周，世越千祀，至践作伯，斥大疆里。后灭于荆，曰王无疆，乃封子蹄，欧余山阳。因地为氏，子孙用昌，爰有显人，史册相望。派分为二，千乘渤海，书学名家，千乘斯在。汉后无闻，久乃湮晦，惟渤海族，绵及奕代。西晋之乱，避地中原，家于长沙，苗裔幸存。又历数世，为陈将门，更隋而唐，率更其孙。父子一家，笔法遒劲，至今遗刻，墨妙辉映。孙吉刺史，与安福令，因为吉人，表表著姓。散在诸邑，谱牒断亡，文忠叙录，碑于泷冈。但本一祖，不分殊乡，曾玄云仍，莫可尽详。我家上世，诗书绍读，元祐绍圣，犹贯安福。监簿再贡，郡籍所录，由儒行迁，城西九曲。暨屋凝晖，四世居之，门户未坠，一卷是贻。尔祖予父，予父予师，亹亹诲言，开其识知。载色载笑，匪怒伊教，谓我务本，迟我计效。惟其善行，是则是效，嗟予小子，曷追来教。方寸之吉，上帝实临，固应流庆，式克至今。尔曹何恃，尔祖此心，庶防烝尝，世世居歆。演也既冠，幸而克念，其幼学言，长育以渐。独尔浚乎，劳我训检，岁月侵夺，童习未厌。尔为予后，望尔成人，失今不学，何以立身。静坐沈思，得义之真，胸无义理，面有俗尘。汝不静坐，东西其走，放心不闲，外物易诱。汝不沈思，不心而口，辟之嚼蜡，所得何有。至于文思，有塞有通，初如凿井，畚土劳功。得泉可汲，浑初清终，一日开明，何有昏蒙。尔后念哉，予念思苦，无此诗书，无此门户。尔食何耕，惟学尔土，尔居何覆，惟学尔宇。尔视尔父，舍学何营？有如不学，无恃以生。学为君子，尔为令名，不学下愚，身辱家倾。视尔儿嬉，我心孔悼，尔为予子，使我忧恼。儒冠而易，羞及祖考，咎将谁归，诲尔不早。岁聿其周，复见春初，少者日壮，念之惕如。过时失训，予责有余，有人心者，尚感此书。

家训家风故事

至孝至亲的欧阳守道

据《宋史》记载,欧阳守道小时候家里很穷,没有钱上学,只能自己在家里苦学。他对自己的要求极为严格,无论寒冬酷暑,读书不辍,终于在学术上卓然成家。乡里人见他学识渊博,聘请他为私塾的老师。他侍奉母亲至诚周到,每当学生家长请他吃饭,他自己不吃荤菜,总是拿回去奉养母亲。久而久之,请他吃饭的人都知道他的孝心,就准备了食器协助他装饭菜带回家。在家里,他每餐总是把饭菜端到母亲面前,先侍奉母亲吃了,然后自己才吃。邻居们都被他的孝道所感动。

欧阳守道的兄嫂早逝,丢下两个孩子,大儿子欧阳演5岁多,而且常有病,小儿子欧阳浚生下才几个月。当时欧阳守道30岁,还没成家,没有抚养孩子的能力,但他毫无怨言地抚养这两个侄子。由于没钱雇请乳妈,孩子饿得不断啼哭,他日夜抱着孩子哄弄,想方设法找食喂养孩子。邻人见他如此,感叹不已。欧阳演长大后,独自外出走丢了,欧阳守道哭着在田野里四处寻找,但始终没找到。为此,欧阳守道三年不吃肉。失去侄子的痛苦折磨了欧阳守道一生。

让犯人尽孝

乡里一个姓张的人,他的父亲去世了,正要举行祭祀仪式时,张某的舅父抓住他一件违法的事向官府告发他,于是,张某就被关进了监狱,不能参加其父亲的安葬仪式。这时,张某的舅父趁火打劫,强求张某卖掉家里的土地来安葬父亲。欧阳守道听说这件事后,叹息说:"我痛心这个做儿子的不能够在祭祀仪式上哭悼他的父亲,对人世间的这种痛怎么办呢？"第二天,欧阳守道找到县令说:"张某舅父的这种做法很不符合人心，临祭祀时阻挠做儿子的安葬父亲,像这样的舅父,是自己吃外甥的肉。请放这个儿子出来,待他祭奠完自己的父亲之后再入狱。"县令听了欧阳守道的话,立马放了张某。张某的舅父见自己的如意算盘落空,气急败坏,私下里造谣毁谤欧阳守道。对这样的谣言,欧阳守道也不去理会。时间一长,大家都知道这件事的来龙去脉,谣言不攻自破。

人文地理

方位

吉安县，位于江西中部，地处于吉泰走廊中心，县城至吉安市 12 千米，至省会南昌市约 225 千米。

交通

吉安县境内有 105 国道、319 国道穿境而过，距井冈山机场 30 千米，距永和赣江航运码头 8 千米。赣粤高速公路、武吉高速公路穿越吉安县并设有出口。

历史

吉安县古称庐陵县，《水经注》中说它是因泸水而得名。秦始皇二十六年（公元前 221）置庐陵县，它是首批设置的江西 18 个古县之一。1914 年改庐陵县为吉安县至今，素有"江南望郡""金庐陵"和"文章节义之邦"的美誉。

名人

吉安县自古人才辈出，涌现了南宋教育家欧阳守道、民族英雄文天祥、三朝重臣周必大、著名诗人刘辰翁等一大批彪炳史册的仁人志士。

风景

文天祥纪念馆、国家 4A 级景区吉州窑遗址公园、资国禅寺、将军公园等景点交相辉映，著名的白鹭洲书院、江西省最早的水利工程槎滩陂与吉安县毗邻。

忠义传家

庐陵胡铨家族

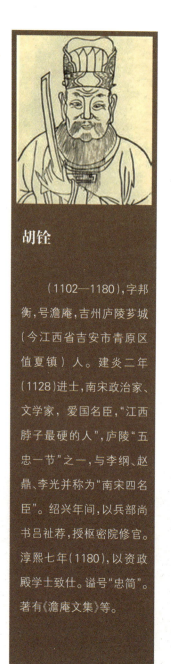

胡铨

（1102—1180），字邦衡，号澹庵，吉州庐陵芗城（今江西省吉安市青原区值夏镇）人。建炎二年（1128）进士，南宋政治家、文学家，爱国名臣，"江西脖子最硬的人"，庐陵"五忠一节"之一，与李纲、赵鼎、李光并称为"南宋四名臣"。绍兴年间，以兵部尚书吕祉荐，授枢密院修官。淳熙七年（1180），以资政殿学士致仕。谥号"忠简"。著有《澹庵文集》等。

在青原区中部，有一座1700多年历史的庐陵古镇——芗城。古镇里有座古墓，每年，前来古墓拜谒祖先的海内外胡氏后裔络绎不绝。是谁让胡氏后裔认祖归宗？就是这位被文天祥等庐陵先贤奉为学习榜样的南宋著名爱国名臣——胡铨。

五代末年，胡铨一族在芗城开基立业。自胡铨开始，胡氏大振，子孙多以"忠义"自勉，人丁日盛。"自古言之，庐陵胡氏为大族。"如今，吉安胡氏有7万多人，胡铨家族就有4万多人，四海皆有，人杰辈出。

那么，除了胡铨这位重要人物之外，凝聚整个家族历经千年风霜而生生不息的秘诀还有什么呢？

国有国法，家有家规。家规是我们传统文化中的重要内容之一。在吉安，芗城胡氏的家规具有一定的代表意义。芗城胡氏又以胡铨为"五忠一节"的代表。由于他的影响，使得胡氏家族的家训家风被赋予了深刻的社会意义和独到的"忠厚传家、忠孝传家"的文化意义。

没有规矩不成方圆。胡氏家族的先人们深知家规的重要，特意制定了《芗城胡氏家规十条》（以下简称《家规十条》）。《家规十条》共有礼让、士习、官箴、表率等十条戒律，包含礼仪教化、为官修德、农桑稼穑、缴纳田赋、禁盗安分等内容,教育子孙恪守道德,修养学识,正心修身,保持节义文章的门风。这十条家规,就是维护家族秩序的法则和教育子孙后代的规范,家族中每个人都必须遵守。

庐陵自古就有"耕读传家"的传统,对于家族来说,好家规就是"传家宝"。那么,芗城胡氏家规将什么"传家宝"传给了后人呢?通读《家规十条》,我们会发现有一个非常重要的内容贯穿始终,那就是"忠"。

在中国传统文化道德体系中,"忠"是读书为官者最重要的品质。《家规十条》,条条都是教育子孙后代要做到"入则孝、出则弟、仕则忠"。其中,"官箴"对"忠"进行了详细解释:"凡有隶仕籍者,无论一绾半通,尚各

家规家训

礼让篇

今惟恪遵圣谕明训,佩服圣贤遗经,朝夕而不离乎。是则周中规,折中矩,暴戾不生,祸乱不作,休明之风骎骎乎日上矣。尚其勉旃无忽。

士习篇

士习不端,古今同慨也。乃者盛朝设科,自岁科两试迄乡会场,以文取士,皆以觇其品行经术。忠简公有云:"道六经而文,不六经者有之,未有道不六经而文六经者。"斯言也,是可勒为士者箴。尔子姓其各凛之遵之。

官箴篇

凡有隶仕籍者,无论一绾半通,尚各一乃心奏乃绩。以佐圣明,是之谓忠;以绍祖烈,是之谓孝。毋奔竞,毋瘝官,毋觖望。庶几圣朝名臣,而余姓亦有厚幸焉。

俗尚篇

吾族素号节义文章,家有传礼,谨以司马、晦翁二公为法,恪守成法,无或背戾,陨越典章,有愧方家风规焉。

表率篇

《孟子》曰:"中也养不中,才也养不才,故人乐有贤父兄也。"斯言也,交责之辞也。兹者设立条约,无非为族姓勉以入孝出弟仕忠之义。而督教者久而玩偈不责实效,则子亦渐为懈惰而视为具文。是其不出家,而成教于国之道乎?《书》云:"慎厥终,惟其始。"父兄勉之,子弟勉之。

——《芗城胡氏家规十条》

一乃心奏乃绩。以佐圣明,是之谓忠;以绍祖烈,是之谓孝。毋奔竞,毋瘝官,毋觖望。庶几圣朝名臣,而余姓亦有厚幸焉。"也就是说教育子孙后代为官要忠于职守,敬畏岗位;要忠于朝廷、报效国家;要忠于祖训,承继宗功祖德;不要追名逐利,锱铢必较;不要荒废官位,无所作为;不要患得患失,牢骚满腹。

为了让子孙后代遵守家规,胡铨的家族将这凝聚了先人智慧的《家规十条》写进族谱,世代延续。在《家规十条》的严格规范和教育下,胡氏后裔逐渐昌盛起来。南宋前期,正是多事之秋,胡铨的挺身而出,让朝廷和百姓为之一振。

胡铨考上进士的时候,他父亲刚刚去世,他在家里守孝三年。这时金兵南下,过了长江,北宋朝廷危在旦夕,对胡铨来说,他只是一个读书人,才20多岁。当时吉州的太守叫杨渊,他早就逃跑了,于是胡铨募集几百名乡兵,来保卫吉安城。从这件事也可以看出,胡铨这种忠国、忠君、忠于人民的情怀在年轻的时候就已经形成。

在《家规十条》潜移默化的熏陶下,胡铨从一介书生逐渐成长为一位著名的政治家、文学家。而让胡铨威名远播的,则是史上著名的"一书安邦"的忠贞爱国壮举。绍兴八年(1138)八月,当胡铨听说秦桧派人出使金国乞求议和时,立即写了一篇《戊午上高宗封事》奏章送给宋高宗。在奏章里,胡铨将家规中的"忠"演绎到了极致,要求杀掉秦桧等奸臣,坚决声明:"义不与桧等共戴天!"

胡铨在《戊午上高宗封事》里提出了"愿斩三人头,竿之藁街"这样的狠话,就是说,要把王纶、孙近、秦桧他们3个人的头砍下来,挂到街上示众。

就因为这篇饱含爱国激情的"斩奸书",胡铨从此开始了23年被贬流放的生涯。在流放的23年里,胡铨数次上书"斩秦"。在强权面前,他始终高昂着不屈的头颅,体现着庐陵先贤刚正义烈的风骨。

胡铨的家训家风里面,主要体现了什么? 主要体现了三个字:一个是忠,一个人做什么事都要忠诚;第二个字体现在义,一个人要有气节,要有义气;

第三个就是志,一个人要有志气,要立志成才,报效国家。

为了让子孙后代遵家规传家风,一向注重言传身教的胡铨,感念"祖宗创门户之艰难,未有不自子孙不肖破之",在去世前不久,专门用古律写下家训。在家训里,胡铨告诫子孙后代要"立身忠孝门,传家清白规"。

青山无言,忠魂永在。《家规十条》和胡铨家训一并写入族谱,成为全族世代遵循的圭臬。千百年来,胡氏后裔无不以家规家训为立身做人之本,形成了忠孝、清白的好家风。

在广袤的庐陵大地上,类似胡铨家族的家规家训有许多,许许多多的庐陵家规家训,共同培育出冠华夏的"三千进士",书写了载入史册的、具有"文章节义"的庐陵文化。

胡铨对整个家族家风家规的影响是相当大的,不仅仅是对他本家族的影响大,其实对整个庐陵文化先贤的榜样作用和影响也很大。文天祥 10 多岁应县考的时候,到庐陵学宫看到了《四忠图》,即欧阳修、杨邦乂、周必大和胡铨的画像。文天祥当时受这些榜样和先贤的影响,说:"如果我死了以后没有像他们一样,受到世人来祭祀的话,我就不算大丈夫。"从这里我们可以看出,胡铨,包括庐陵其他先贤,制定这种好的家规、族规,传承这样好的家风,不仅仅在家庭、族落里面产生影响,而且对整个吉安都产生影响。"五忠一节"的浩然正气,也就是这么一代一代传承下来的。

胡铨石像

家族重要传承人物

■ **胡份**，字兼美，胡铨族兄。3 岁丧母，以孝顺继母而为时人称道。宋徽宗室和三年（1121）释褐，授临江军刑曹，有"循吏"之称。在任澧州教授期间，大力发展学校，使原本只有 10 多个生员的澧州学宫成为四方求学者辐辏、闻名远近的学校。后任靖州通判，转官秩为奉议郎。他采取安民政策，使靖州边境安宁，百姓安居乐业。著有《书解》《文集》共 80 卷。

■ **胡季怀**，名不详，字季怀，胡铨从子。年幼而孤，但能发奋苦读，学业有成，著述十分丰富，有《训子书》《左氏类编》《周官类编》《春秋类例》《诗集》《文集》等。

■ **胡公武**，字英彦，约生活在南宋高宗、孝宗时期，胡铨从子。13 岁时即成为《春秋》弟子员，成绩名列前茅。他嗜好文学，尤其擅长作诗，晚年号"学林居士"。著有《论语集解》。

■ **胡箕**，字南斗，胡铨从子。年少时便卓尔不群，学贯经史，尤精于《春秋》之学。为文有神，下笔往往数千言，文思如泉涌，曾任迪功郎，监南岳庙。著有《春秋三传会例》30 卷。

■ **胡榘**，字仲方，胡铨孙辈。曾任枢密院编修官，累官至工部、兵部尚书，出知福州。宝庆二年（1226），被任命为焕章阁学士、知庆元府兼沿海制置使，以龙图阁直学士致仕。

家训家风故事

胡铨自小潜心学问，博闻强识。建炎二年（1128），宋高宗在淮海策问进士,胡铨对御题问,答问长达一万多字,高宗看到后十分惊异。绍兴八年(1138),金国派遣张通古、萧哲二人作为"江南诏谕使",携带"国书",在王伦的陪同下,来到南宋都城临安进行和谈。金使态度极其傲慢,目中无人,对南宋当局百般侮辱。但高宗和秦桧一味苟且偷安,不惜卑躬屈膝与金使议和。此举激起了朝中多数大臣与全国军民的义愤,纷纷起来反对。胡铨反对议和最为激烈,他上书高宗,对金国议和的阴谋进行揭露,而且请求高宗斩秦桧、王伦、孙近的头。他还表示,如果不这样做的话,他宁愿投东海而死,也决不在小朝廷里求活。

胡铨这篇奏疏一经传出,立即产生强烈反响。宜兴进士吴师古迅速将此文刻版付印散发,吏民争相传诵。金人听说此事后,急忙用千金求购此文,读后,君臣大惊失色,连连称"南朝有人""中国不可轻"。

隆兴元年(1163),胡铨迁任秘书少监,擢任起居郎。针对自隆兴北伐失败后朝中的议和之风,胡铨多次上表予以反对。当时发生旱灾、蝗灾和星变,孝宗下诏垂询政事缺失,胡铨应诏上书数千言,全篇引用《春秋》记载灾异的方法,论述政令缺失的情况有10种,而上下情不合的情况也有10种,并说:"尧、舜四目明白,四耳通达,虽有共、鲧之乱,不能堵塞也。秦二世以赵高为腹心,刘邦、项羽横行而没有听说;汉成帝杀死王章,王氏移鼎而没有听说;汉灵帝杀死窦武、陈蕃,天下崩溃而没有听说;梁武帝信任朱异,侯景斩关夺隘而没有听说;隋炀帝信任虞世基,李密称帝而没有听说;唐明皇驱逐张九龄,安、史包藏祸胎而没有听说。陛下自从即位以后,号召延揽宾客,与我同时召来的有张焘、辛次膺、王大宝、王十朋,现在张焘离开朝廷了,辛次膺离开朝廷了,王十朋离开朝廷了,王大宝也将离去,只有臣还在。以言论为避讳,而想堵塞灾异的根源,臣知道这必然不能做到。"

隆兴二年(1164),胡铨升任兵部侍郎,兼国子监祭酒。当时,金兵向商、秦之地进发,楚荆、昭关、滁等地先后失守,胡铨身先士卒,手持铁锤下河击冰。将士们深受鼓舞,一鼓作气,奋勇作战,终于击退了金兵的入侵。

人文地理

方位

青原区，隶属于江西省吉安市，地处江西省中部，周边与吉安市吉州、吉水、永丰、兴国、泰和五县(区)接壤。

交通

青原区交通便利，境内公路通车里程1383.9千米。

历史

秦始皇二十六年（前221年）设庐陵县，境内为九江郡庐陵县地。西汉高祖元年（前206年），为豫章郡庐陵县地。唐武德五年（622），为吉州吉水县地。民国二十年（1931）属苏区公略县地。1949年7月，复为吉安县、吉水县地。2001年1月18日，青原区正式挂牌成立。

名人

青原区的名人有伟大的爱国者、官至枢密院编修的胡铨，南宋时期杰出的爱国英雄和诗人文天祥。

风景

青原区有省级风景名胜区青原山，青原山有净居寺、稠塘湖、铜壶滴漏、天玉山四大景区。

净居寺的佛教源远流长，其历史可追溯到唐朝神龙年间。

渼陂古村以明清建筑为基础，融书院文化、祠堂文化、宗教文化、红色文化和明清雕刻艺术为一体，被誉为"庐陵文化第一村"。

簪缨接武

南丰曾巩家族

曾巩

　　（1019—1083），字子固，建昌军南丰（今江西省南丰县）人。北宋文学家、史学家、政治家。"唐宋八大家"之一。曾巩祖父曾致尧、父亲曾易占皆为北宋名臣。曾巩为政廉洁奉公，勤于政事，关心民生疾苦，与曾布、曾肇并称"南丰三曾"。曾巩文学成就突出，其文"古雅、平正、冲和"，位列唐宋八大家，世称"南丰先生"。有《元丰类稿》等。

　　曾氏家族的良好家风源远流长，可追溯到曾子（曾参）。曾氏自曾参而后，名人辈出，除学问之外，更重修身齐家。曾子名言："为人谋而不忠乎？与朋友交而不信乎？传不习乎？"这是他每日省身的功课，传颂千古。

　　到了曾巩的曾祖父曾仁旺一辈，曾氏家族一堂友爱，家近两百口，同居一宅，内外雍睦。到了曾巩的祖父曾致尧，更有值得称道的言传身教留给族人。他为政多惠声，在调离寿州时，民众再三挽留，以至不能上路成行。

　　曾巩家境贫寒，虽自己才名在外但多次落榜并遭人讥笑，但他并不介意，而是更加努力，终成大器。曾氏后人能做到"贫贱不能移"，正是曾巩思想的延续。曾氏后世子孙秉承先人教导，没有沾染纨绔习气，终得以名列词翰。

　　总的来说，曾氏家族的"忠敬孝慈礼义廉节"家风使他们的后裔获益匪浅。

曾文定公祠

家族重要传承人物

■ **曾致尧**(950—1007),字正臣,北宋散文家,曾巩的祖父,太平兴国八年(983)登进士第,是北宋以来南丰第一个进士。先后任过符离主簿、梁州录事参军、著作佐郎、两浙和京西转运使;当过寿、泰、泉、苏、扬、鄂等州知州。官至礼部郎中,后改任吏部郎中。曾致尧为官期间,减免民间苛捐杂税,体察百姓疾苦,所到之处,颇有政声。卒后赠"右谏议大夫""太子太师",封"宁国公"。曾致尧一生著述甚多,有《仙凫羽翼》30卷、《广中台纪》80卷、《清边前要》30卷、《西陲要纪》10卷、《直言集》10卷、《为臣要纪》3卷等。

■ **曾布**(1036—1107),字子宣,谥号"文肃",曾巩的三弟,北宋徽宗时官至右相,是王安石变法的得力助手之一。熙宁期间的新法,很多是通过曾布的斟酌损益才予以推行。他曾说:"人皆怕执政及台官,唯臣不怕,何以故?臣不怙过,兼职事不至乖谬,但请搜寻检点,恐无不当者。"曾布正直无畏,铁骨铮铮,敢于自命。梁启超评价他说:"曾子宣者,千古骨鲠之士。"

■ **曾肇**(1047—1107),字子开,号曲阜先生,曾巩的异母弟,为"南丰三曾"之一。北宋政治家、诗人。自幼聪慧好学,师承其兄曾巩。为官40年,历英、神、哲、徽四朝,在朝任过礼、吏、户、刑四部侍郎和中书舍人,对朝中事敢直抒胸臆;在14个州、府任地方官时,多有政绩,为人称颂。

家规家训

一、联族众 各支每一门立一族长,各门还要推举约长,族长、约长俱要公平行事,按时检查各门所存谱牒,损坏者必议责。

二、叙伦理 长幼拜揖必恭,坐次必依先后。抵触尊长轻则罚跪,重则逐出本族。

三、正闺门 赋性不良,凶傲不敬舅姑,妒忌,妨子嗣,严重的逐出族门。若私溺子女者,罪坐其夫。

四、端蒙养 子弟虽幼也要检束,不许放旷,否则长大后乖僻邪荡,甚至为奸作盗,父兄之过也。延良师以教族中子弟;若不就学者,亦不许嗜赌,购买淫书。

五、勤职业 好读书者,父兄不得吝惜束脩。长大后即令经营衣食,不可游手好闲,不许从事贱业。仕宦者不许以赃败官,违者不得入祠。

六、崇节俭 健讼者尚气争竞,至变卖家产而不悔,必戒;图表面风光者,聘妇嫁女,多至借债,不当。他如丧葬奢侈,请客演戏均属恶习,切莫勉强为之。即使登第授官,也不可大张筵宴。

七、睦姻邻 亲戚邻里,守望相助。不可侵凌他人,不准恶言相向,不能行凶伤人。若族人有拐抢倚势侵占事,必予责罚。

八、供赋役 对待官府赋役,不可延缓时日,不可诡计欺蔽,否则贻累子孙,触犯刑宪。各种奸顽举措,均非朝廷良民,也非祖宗后人。

九、严守望 合族不拘亲疏,互相约束。若遇变生不测,互相支援。倘遇外来为非作歹之徒,密行防范,不许容留。否则削籍之外,还要送官究办。

十、止诬讼 健讼败家,如有好讼又不听劝阻者,任其告官府。如有偏听,则各约族长共赴官府纠正之。

十一、御群小 族中主仆之分必明,养育之恩必尽。得罪异姓者须责其谢过,恃顽拖欠钱款者,许本主追究。

十二、禁邪巫 巫觋禳灾祈年,费不甚重者姑任之。不守清规之僧尼,惯行诡术之师姑,以及各种异端左道均要屏除。违者族内重罚或呈官惩治。

十三、明正学 末世但指科举为儒学,不知身心为何物。今后要区分做人之理,做到慎思力行。

十四、谨婚姻 近时议婚,攀援殷富,寡廉鲜耻,贻讥乡里。各支务必查处。

十五、联远族 吾族分居诸郡,若悉知他郡府县有登科大庆,须差人赉送礼物前去联络,这样便视远若近,可久可继。

端蒙养

自古大贤,未有不由教养而成者。故子弟虽幼小,耳目习染,易污难变,虽在孩提,一言一动亦俱要束检,不许放旷,此系保家亢宗第一事。世俗不知,怜其稚弱,纵其骄侈,惟意所欲,不知禁戒。长大不肯延师择友,任其误结党类,至于乖僻邪荡,倔傲矫诈,甚至于为奸作盗,无所不至,岂尽弟子之过哉?父兄与有责耳。今后祠中每年节省使用余谷,必择族中有行谊及博闻强学之士为师,凡族中子弟,皆当赴祠读书习礼。止用供待,不用束脩。若朋合伙食,使其习于淡泊,尤为美事。其幼小不任读书者,亦须严加约束,不令佻达。人家不可蓄藏赌具,购买淫书,无故不得搬演戏文,征逐酒食。有一于此者,皆非贻谋之善。为父兄者谨防之。

勤职业

人生天地间,未有自不食其力者。故士民之业,各有所托,皆足以自给。舍是,则为蠹食之民,王法所必禁也。士固以道德相先,乃古之圣贤,往往出于耕稼鱼盐,盖材力总有不同,而皆以礼义维持,士民固无间也。族中读书者,父兄不得吝惜束脩,便图小利,不及俟其成材,即令经营衣食。其他资质果下,及他务妨阁者,须求农商两路生业,不可游手坐食,别起事端。不许为隶为卒为优戏为贱业,有玷先人。违者各约举出,告于祠堂,黜其名氏,不登于谱,不齿于族,永为鉴戒。有能顿改者,即刻嘉奖,不在前例。其读书为生员者,不许出入公门,有玷行止;仕宦者不许以赃败官,贻笑乡邻。违者不得入祠助祭,终身耻辱。

供赋役

有田出租,有丁出役,庶人谨循奉公之道。当然,不待官府呼召也。今世流弊,务为欺蔽,或影射钱粮,或延缓时日,甚则诡计飞洒,贻累子孙,其不免刑宪,又何怨哉!今后凡为里甲者,勿肆贪饕餮而凌弱,勿恃奸顽而抗拒,先期速办,可省追呼。若以一事拖欠负累者,非朝廷良民,即非祖宗后人,不许入祠助祭。

家训家风故事

"荣亲园"的来历

曾巩的祖父曾致尧做官以后，得假回乡探亲，其母周氏在县城东边的方家洲一处园林中摆下酒席，邀请亲族前去赴宴。曾致尧来到之后，大家见他衣着十分朴素，又骑着一匹瘦马，跟着一位老苍头，便议论纷纷，说他过于寒酸。但周老太太是个有教养、深明大义的人，看见儿子如此"低调"，非常高兴地说："我儿当了官以后依然保持简朴之风，这是为曾家争气啊！如果他这次回家骑着高头大马，带着金银珠宝，那才是辜负我当年教诲他的一片苦心呢！"众位亲戚听了之后大受感动。这事传开以后，人们就把这处园林称作"荣亲园"。

曾易占不阿权贵

曾巩的父亲曾易占曾任江西玉山县令，当时，玉山县隶属信州。有一次，他的上司信州知州钱仙芝来到玉山，向曾易占索贿，曾易占不予理睬。钱仙芝大怒，便向朝廷诬告曾易占。上面派人来查办，结果证明曾易占是个清廉勤政的好官，欲坐钱仙芝诬告之罪。然而钱仙芝在朝中有奥援，竟然无缘无故革去曾易占的官职，使他闲居家中 12 年，一家的生活也陷入困顿。曾易占这种不仅清廉而且耿介的情操，对曾巩兄弟及其后人在为人、为官方面都有深远的影响。

曾巩励志苦读

曾巩虽是学富五车的读书人，但他多次赴试不中。尤其是庆历元年（1041），23 岁的他与弟弟曾牟再次落榜回转故里，当地一些无知又妒恨曾家的人便作诗嘲讽道："三年一度举场开，落杀曾家两秀才。有似檐间双燕子，一双飞去一双来。"对此，曾巩一笑置之，从此更加发奋攻读，并带动诸弟勤学不辍。后来曾巩终于得中皇榜，而且5个弟弟也先后科场得意。曾巩这种励志精神，一直激励着曾氏后人坚韧不拔地朝着仕途奋进。

曾巩清廉自守

曾巩为官廉洁奉公，为世人称颂。曾巩调任福州时，做了两件超乎常人的事情。福州是个崇尚佛教的地方，"路上行人半是僧"。寺院的住持"油水"十足，许多僧侣便多方钻营，谋求住持的位置。因此曾巩初来乍到，便有不少人给他送礼，但他一概拒绝，并改变由官府做主延聘寺主的办法，改由僧众择善推举，这样一来便杜绝了朝廷官员受贿的来源。当时各寺庙总计有将近一万名僧众，都要向官府购买度牒，州府可敛钱上千万。曾巩到福州后，此项陋习也不禁而止。另一件事，直接和曾巩的个人收益有关。当时，朝廷官员的薪俸非常丰厚，正俸之外，尚有许多补贴，其中有一项叫作职田，收入可观。当时福州有一块很大的菜园子，生产的蔬菜的售后款项全部纳入州官的腰包，一年下来，常有三四十万银两的进项。曾巩认为不能"与民争利"，便下令将这块菜园改种其他作物，自己也不收取这项钱财。

明州濒海，是个通商口岸。按惯例，经商的高丽（今朝鲜）人要向官府馈送礼物，曾巩觉得不妥，不仅拒收贿赂，还上书朝廷明令禁止，以维持天朝大国怀柔远人的形象。

"廉生威"，正由于曾巩廉洁自守，所以他的善政得以顺利推行，真正做到"为官一任，造福一方"，百姓的感戴也就不足为奇了。齐州任满，州人不舍，便绝桥遮道，关闭城门，不让曾巩离去，他只得半夜时分乘人不备悄悄"溜走"。曾巩任职过的济南建有"南丰祠"，南昌有条"子固路"。南丰本土更有不少祠宇和其他历史遗存，证明着曾巩被人民景仰、怀念的高尚德行。

人文地理

✛ 方位

南丰县,是江西省抚州市下辖的一个县。位于江西省东南部、抚州市南部,东邻福建。

✈ 交通

南丰县交通发达,福银高速、济广高速、国道 206 线贯穿全境,向莆铁路穿境而过。

⧖ 历史

始建于吴太平二年(257),分南城县置县,因县境内常产一茎多穗之稻,故初名"丰县",别号"嘉禾"。又因徐州有丰县,故名"南丰县"。

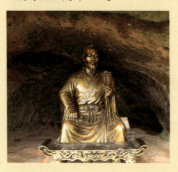

☺ 名人

南丰县的历史名人有北宋文学家曾巩、南宋文学家陈宗礼、元代医学家危亦林、清代理学家谢文洊等。

⛩ 风景

南丰县有一山(军峰山)、二寺(地藏寺、南台寺)、三馆(曾巩纪念馆、康都会议纪念馆、南丰蜜橘文化展览馆)、四湖(傩湖、潭湖、军湖、琴湖)、五古(石邮傩文化古村、洽湾船形古镇、琴城明清古街、琴城明清古城墙、白舍宋元古窑遗址)及清水湾温泉等风景名胜。

临川四梦

临川汤显祖家族

汤显祖

（1550—1616），明代戏曲家、文学家。字义仍，号海若、若士，晚年又号茧翁。临川（今江西抚州）人。隆庆四年（1570）举人。因不愿趋奉宰相张居正，在13年中参加5次考试，第5次方中进士。于万历二十六年（1598）毅然弃官返家，潜心创作。其戏剧作品《还魂记》《紫钗记》《南柯记》和《邯郸记》合称"临川四梦"。

临川（今江西抚州）是汤显祖世居的故乡，但追溯其家族远祖，一说在安徽贵池，一说在苏州温坊。因原始谱牒散佚，故其家族远祖存在争议。据清代《文昌汤氏宗谱》记载，汤伯清为第一个安葬在临川城东文昌里灵芝山者，故临川文昌汤氏后裔尊汤伯清为第一世祖。以此下延，汤显祖为临川文昌汤氏第六世。

文昌汤氏家训家风完整完备，内容丰富，具有显著的耕读文化传统特征，不仅有系统完整的"家训十二条""家训七戒"等文字条目，且经过数代先人的开拓与发扬，其家训家风特色鲜明，声名远播：

一是根源于儒家忠孝思想和修身齐家治国平天下的传统。对"忠"的定义是"尽己之心"。在上，应"当竭忠报其国也，公尔忘私，国尔忘家，天下有道则疏附，先后制治于未乱，保邦于未危；天下多故，则灾捍患，为生民保障，为天子于城"；"在下，则言必忠信"。

二是视"义"为人之准则。"义者宜也，天地之节"，并将"义"拆分为"周恤之义""自重之义"，称其为"精义"。

三是淳厚的民本意识，并发展成惊世骇俗的情至观。在文昌汤氏家风中，历代都有周恤贫困、乐善好施的传统，提倡"为生民保障""得志，与民共由，礼让成俗，礼教成风；不得志,独行其道",至汤显祖则更发扬为"贵生"思想和"情至"观念。

四是彰显独立人格和坚守毅力。文昌汤氏先人都具有相沿不辍的独立人格,一世祖汤伯清"履檄征召,固辞不出";二世祖汤子高三兄弟皆"悠然淡然,俱能无憾";三世祖汤廷用"克绍前徽";四世祖汤懋昭更是隐居酉塘,"嗜欲不乱于中,势利不夺于外,超然旷然";五世祖汤尚贤"为文高古,举行端方,学者佥称畏友";六世祖汤显祖考进士不为权贵延揽,从政后不随流俗、坚守原则,至而不惜弃官归里,等等,无不显示出独立坚守的人格魅力。

家族重要传承人物

■ **汤伯清**(生卒年不详),文昌汤氏第一世,字亮文,世居河东大街,髫年补弟子员,每试辄夺前茅,文名震士林,乐善好施,构文昌阁于桥右,建太平庵于桥左,复建正觉寺于长春坊,置贾田产供佛齐僧,凡过岁歉郎,捐资赈济,波及邑民,有司上闻于朝,履檄征召,固辞不出。

■ **汤峻明**(1433—1515),文昌汤氏第二世,字子高,以耕读为其号,为邑庠生。子高乐善好施,成化二年(1466),输粟若干石以赈灾,而获皇帝独诏"旌立子高公义门"。休休有容,不言人过失,富甲于乡邑而无骄心,泽及于邻里而无德色,不嗜酒,不偷安,衣取蔽寒,食取充腹,其自奉澹如也。兄弟子昂、子杰都是生平读书敦行,介然以廉洁自守。

■ **汤廷用**(生卒年不详),文昌汤氏第三世,字勤圣。生有隽才,为名诸生,勤学好文,克绍前徽,敦行乐善。

■ **汤懋昭**(1487—1566),文昌汤氏第四世,字日新,号酉塘。性秉洁清,读书过目不忘,作文顷刻立就。髫年补弟子员,每试辄冠,多士望重,儒林学者推为词坛上将,年至四十隐处于酉塘庄,因而为号"酉塘",并题联:"金马玉堂,富贵输他千百倍;藤床竹几,清凉让我两三分。"他生活简朴,身不衣罗绮,口不嗜肥甘,一以俭约自持用是,乐善好施,每遇不给者,辄发粟以济之,而不能偿者,亦恕之而弗取。重礼义,虽于人之至微者,而称谓亦不轻斥其名,宁过于礼貌而弗嫌。

■ **汤尚贤**(1528—1615),文昌汤氏第五世,号承塘,以表继承父亲汤懋昭之志。弱冠即受学于邑庠,为文高古,举行端方,学者佥称畏友。尊贤重士,建家塾以开继,绪捐万石以赈荒歉,出千金以修桥梁,尚义而不计利。

■ **汤大耆**(1580—1665),汤显祖次子。字尊宿,祠部司祭郎中,幼颖敏轶群,禀遵庭训肄业成均,尽友天下才士。博观奇书,钩元咀华,语出惊人。屡试京围不第,谒选得徐州同知,抚恤周至,处事明断,士民德之。职满,寻请归养,杜迹不交公府。著《焦尾霜叶》二集,行世志载,公有诗名,以才学显盖实录也。

■ **汤开远**(1583—1640),汤显祖第三子。字叔宁,号谷灵。登万历乙卯(1615)科乡进士(举人),历官安庐道监军有功,朝议将用为河南巡抚,竟以劳瘁卒官,死后赠"太仆少卿"。《明史》等均有《汤开远传》。其中《江西通志》最为精练:"……以乡科授怀庆推官,未之任即抗疏,论'朝廷刑罚失实'。严旨诘责,远回奏据事援理,不震不慑。上顾之复抗疏,论'辅导东宫,当以身教为先'。得俞旨俾赴任时,流冠蹂中州,命开远以监军剿冠,擢安庐道副使,公可法倚任焉,屡奏捷,廷推河南巡抚,命南下,卒于官。有《寒光堂疏草》行于世。"

■ **汤维岳**(1581—1655),字生甫,为汤显祖二弟汤儒祖之子。汤维岳4岁丧父,由汤显祖抚养长大,为汤显祖养子。崇祯庚午年(1630)领乡荐,盖十试棘闱矣。初令象山,廉介寡合,忤大吏,解组去,曰:"遂昌在望,吾不忍负吾诸父也。"已再补南靖令。时寇逼于城,维岳寝处雉堞间,未尝解带,士民因得恃以为固。癸未年(1643)升南宁府司马,不赴。维岳清操峻节,无愧家门。子五,有声士林,仲子孙绪崇祯己卯年(1639)举人。

家规家训

家训十二条

一曰孝 孝者百行之原也。圣人训弟子顶头就说，个人则孝。盖以人生皆本于父母，十月怀胎，三年乳哺，推干就湿，抚我鞠我，劬劳不可名言，真昊天罔极之恩也。古人有见于此，故冬温而夏清，昏定而晨省，出必告，反必面。父母怒，虽挞之流血不敢疾起，敬起，孝也。其曰：生事之以礼；死葬之以礼，祭之以礼，无非人子自尽所宜然耳。试观慈乌反哺，羊羔跪乳，禽兽且知孝道，况人之灵于万物者乎！凡我子孙以古人为法，不可安于禽兽之不如。

二曰悌 悌者所以事长也。孟子曰：徐行后长者谓之弟。不观之物乎？彼竹节之生，有上有下；鸿雁之飞，有先有后，确乎其不渝者。凡我子孙，务宜于兄弟之间相好无尤。见尊长坐则抬身，立则拱手，言则从容，行则逊让。彼虽愚庸于我，不可以贤智先之；彼虽贫贱于我，不可以富贵加之。故尧舜大圣亦不外乎，孝弟而已矣。此又后辈之所当知。

三曰忠 忠者何尽己之心谓也。事君而不尽其心则为奸佞，为逸谄。当时非之，后世讥之。是必思君之爵禄我，匪徒富贵我也，以作忠望于我也。我之事是君，讵可容悦为也？当竭忠报其国也。公尔忘私，国尔忘家。天下有道，则疏附先后制治于未乱，保邦于未危；天下多故，则灾捍患，为生民保障，为天子于城。此达而在上之忠也。若穷而在下，则言必忠信。为人谋而无不忠，斯州里可行也？蛮貊可行也？吾子孙曷可失其忠心。

四曰信 信者何循物无违之谓也。孔子曰：人而无信不知其可。又曰：自古皆有死，民无信不立，信之于人大矣。故鸡非凤比不爽晨昏之期，雁乃禽伦克当春秋之候，信也。人备五常，兼万善灵于庶物，脱有不信，将内欺乎？己外欺乎人，亲戚猜之，乡党疑之，其何以行哉？苟能信焉？心膂可寄，股肱可托，奉之为蓍龟，敬之为神明，近者任，远者倚，即微如豚鱼，亦无不感也。吾子孙尚其有信。

五曰礼 礼者履也，不可斯须去身者也。在天为天，秩在为人，常体之则可希圣。希贤失之则同归于禽兽。诚非玉帛之谓也。是故君臣由是礼，则君明臣良；父子由是礼，则父慈子孝；兄弟由是礼，则兄友弟恭；夫妇由是礼，则相敬如宾；朋友由是礼，则言无不及于义。得志，与民共由，礼让成俗，礼教成风；不得志，独行其道。在己鲜越礼之，怂在人免逾礼之，诮谓其为出入礼门之，君子可也。我子孙当守之以礼。

家规家训

　　六曰义　义者宜也，天地之节，文人事之准则也。孔子曰：君子义以为质。又曰：君子义以为上。孟子曰：义人之正路也。又曰：大人者惟义所在是知，处常处变，一言一行皆当义之。与比故，孔子不以卫卿之得动心，而退必以义；孟子不以万钟之禄动心，而云舍生取义。有周恤之义，无害人之心；有自重之义，无媚世之态，谓其为精义之，君子可也；谓其为守义之，君子可也。吾子孙盍制之以义。

　　七曰廉　廉者有分辨临财毋苟得之谓也。故以廉名者，非必巢由务光之辈，而后可尚也。苟道义无愧，则舜承尧禅，禹承舜让，亦不害其廉。以不廉名者，非必盗跖，齐人之行而后为失也。是以原思有宰粟之辞，而孔子止之。曰：毋受之，无妨于廉也。齐王有兼金之馈，斯当乎廉也。廉之当办也。如此我子孙盍以自励。

　　八曰耻　耻者有羞愧能有所不为之谓也。孟子曰：人不可以无耻。又曰：不耻不若人，何若人有耻之，于人大矣。故孔子不饮盗泉之水，耻其名之不正也；钟离意不拜金珠之赐，耻其来之不洁也。巢栖而莫辨，禽之所以无耻也；穴处而苟同，兽之所以无耻也。人苟存得一耻字，则愧励激昂，不惟冈于刑宪，冈惭幽独郎希圣，希圣亦匪难矣。我子孙尚其知耻。

　　九曰冠礼　司马温公曰：冠者，成人之道也。成人者将责为人子、为人弟、为人臣、为人少者之行也。将责四者之行于人，其礼可不重欤？冠礼之废久矣。近世以来，人情愈趋于浮华，生子尚饮乳已加巾帽，有官者为之，制公服以弄之，过十岁而犹总角者益鲜贵，彼以四者之行，岂能知乎？故往往自幼迄长愚痴，如一由不知成人之道故也。古人虽称二十而冠，不可猝变。若敦厚好古之，君子俟其子年十五以上能通孝经、论语，粗知礼义之方，然后冠之，斯为美矣，善哉！斯言吾子当以为法。

　　十曰婚礼　夫妇人伦之大，上以承先祖，下以启后嗣，不可不讳也。婚配之家务，先审其可否。戴礼曰：娶妇嫁女必择孝弟。世有行义者，则子孙慈爱，孝弟不敢淫暴。凤凰生而有仁义之意，虎豹生而有贪戾之心，无养虎豹，将害天下。妇婚不可不择甚矣。胡文定公曰：嫁女必胜吾家者，胜吾家则女之事人必敬、必戒，取（娶）妇必须不若吾者，不若吾家，则妇之事舅姑必执，妇道不可不知。若我子孙不问名分微贱，苟且逆乱之家，贪财私对者，不许与祭会拜，削谱除名。

　　十一曰丧礼　丧礼者人之送终之道，当以哀痛惨怛为本，以衣衾棺椁为急。孟子曰：惟送死可当大事，以人子不可使有后日之悔耳。虽曰丧具称家之有无，贫而厚葬不循礼也。然君子不以天下俭其亲，宁过于厚无过于薄。古者居父母之丧，既殓食粥齐哀，疏食饮水不食菜果，既虞卒哭，疏食饮水不食菜果，期而小祥食菜果，又期而大祥食醯酱，中月而禅饮醴酒，其循循守礼。有如是。凡子孙当居丧之时，不得饮酒食卤，并不得匿衰成婚，不得暴露不葬，不得变凶为吉，曾赴筵席犯者，以不孝罪之。

十二曰祭礼 祭者报本追远之道，是以豺祭兽、獭祭鱼，皆知报本，况于人乎？然非仁孝诚敬不足与此。孔子所以祭，如在祭神如神在。又曰：吾不兴祭如不祭。凡遇祭礼必先一日执事者，请宗子及尊长，拣选童年聪俊子弟，与祭子弟悉整衣冠登堂，习仪毋得临期有失。且祭必贵早，盖东方未明，祖宗神气未散，宴享庶得其所。苟惰慢相仍，迟及日中方集，苟且拜献馂毕而归，殊非家法。我子孙若敢有违时废事，跛倚欠伸，哕唾嗽，一切不恭不敬之毙，皆以失礼责之。

家训七戒

一君臣 君为民主，民为王臣。一个有庆，万国咸宁。立朝尽职，在野淑身。妄行犯法，罪不饶人。

二父子 有父乃生，有子乃继。早教义方，卓然立志。创业成家，怡声下气。苟不孝亲，灾害交贲。

三兄弟 维兄及弟，同气连枝。尔毋我诈，我毋尔欺。各敦义让，莫较豪（毫）厘。稍生争竞，众口共非。

四夫妇 夫为妻纲，妻为夫助。匹配前缘，各循礼度。克俭克勤，操持门户。倘纵奸谣，丑恶外露。

五朋友 人非朋友，进德无由。损我是远，益我是求。芝兰并契，言行兼修。偶交匪类，即习下流。

六长幼 宗族既繁，尊卑攸异。爱敬合施，坐行以序。卑不可欺，尊不可恃。设有如斯，甚乖族义。

七宾客 宾客往来，谨礼为先。酌家厚薄，备席相延。崇俭犹可，过丰不然。尚好奢侈，后悔绵绵。

家训家风故事

汤显祖爱书

汤显祖出身于书香世家。关于这个问题,汤显祖在《广意赋》里很自豪地表白道:"鸠遗书盖四万卷余兮,招余曾与余祖。"意思是说,我家里积聚的藏书有四万多卷,得到我曾祖父与祖父的喜爱。耕读传家久,诗书继世长。汤显祖在满门书香的熏陶下,爱藏书,爱读书,把文昌里汤家的爱书家风传承和发扬到极致,从而成为举世闻名的伟大戏剧家、文学家、思想家,是"世界百位历史文化名人"之一。

先说汤显祖爱藏书的事迹。汤显祖家藏书丰富,却在隆庆六年(1572)除夕发生了令人伤心的事情。那时汤显祖24岁,他家的藏书因邻居家发生火灾

汤显祖纪念馆

受到牵连,全部化为灰烬。汤显祖于后一年写有一诗追记这件事,诗题是《壬申除夕,邻火延尽余宅,至旦始息。感恨先人书剑一首,呈许按察》,诗中有"比邻风易绕,夜作水难储""龙文销故剑,鸟篆灭藏书""越俗须重构,林枯不自如"等句子,把那次火灾的原因和结果都概括了,尤其表达了他对藏书被烧毁的真实心情。虽然房子可以重建,但没有藏书的房子空空的,让人很不自在。失去书比失去房子更让汤显祖心痛,可见汤显祖爱书到了深入骨髓的程度。

汤显祖居家时,还写有《粒粒歌》,全诗是:"米粒粒,我所入,不爱惜之真可泣。书篇篇,我所笺,不爱惜之真可怜。何足可怜何足泣,窖粟藏书争缓急。清远楼头笑一场,后辈谁开玉茗堂。无人解种丰年玉,不作书囊作饭囊。"诗的前四句说粮食和书籍都应该爱惜。接着两句再强调为什么要爱惜它们,因为储存粮食和储藏书籍是满足人生物质和精神的需要。后四句说希望后辈懂得我这个玉茗堂的清远老人说的道理,要更加爱惜书籍,成为如珠玉般的人才,不要成为不爱书、不读书的"酒囊饭袋"。全诗虽然将粮食与书籍并提,说明两者对人生的重要性,但作者更倾向于强调书籍对人生有更深一层的意义,即现在所说的"书是精神食粮",表达了汤显祖对书籍的深厚感情和对后代传承爱书家风的殷切期望。

汤显祖64岁时为3个儿子分家立户,他交代儿子们:"分器不分书,聊以惠群愚。分田不分屋,聊以示同居。"这4句话是汤显祖写的诗《癸丑四月十九日分三子口占》中的。前两句说分家时可以分家具,但决不能分书籍,原因是大家可以共用书籍以解疑析难,增长知识;后两句说分家时可以分田产,但决不能分房屋,原因是大家聚居在一起以示团结,互相亲爱。汤显祖这个高明的分家方案,既传承"兄弟多要分家"的民间传统,又别出心裁地传承了"兄弟手足亲"的儒家文化;既是爱子情深的真实表达,也是爱书家风的真切愿望。这的确值得赞扬,值得学习。

综观汤显祖爱藏书的事迹,我们会发现,一方面是他终生对藏书工作乐此不疲,令人感动;另一方面是他对书籍的深刻认识很启发人。在那个时候,汤显祖就将书籍与粮食列为人生的两大需要,还视书籍为人们的精神食粮,认为书籍对人生具有启迪意义,这值得今人高度关注和重视。

汤显祖爱读书

邹迪光的《临川汤先生传》中记载了汤显祖爱读书的两件逸事。一是说汤显祖读的书很杂,也很认真,"于帖括而外,已能为古文词;五经而外,读诸史百家汲冢连山诸书矣","公于书无所不读。而尤攻汉魏文选一书,至掩卷而诵,不讹只字"。前段文字是说汤显祖读的书,除了科举应试文章外,还读古文诗词;除了四书五经外,还读了诸子百家、各种史书、《汲冢书》、《连山》古书等。《汲冢书》与《连山》古书都是秦以前形成的竹简古籍,不但很难获得,而且还很难读懂。后段文字是说汤显祖博览群书,尤其花力气攻读南朝文学家萧统编选的诗文总集《文选》一书,甚至可以合上书本背诵其中的诗文,并且不错一个字。二是说汤显祖读书是为了提高自身素质、实现自我价值。传中记道:"以乐都留山川……掷书万卷,作蠹鱼其中。每至丙夜,声琅琅不辍。家人笑道,老博士何以书为?曰:'吾读吾书,不问博士与不博士也。'"意思是说,汤显祖在南京太常寺任博士时,不但喜欢南京的山水胜迹,而且床上往往摆满了书,他家藏书约有万卷,他就像书虫一样,孜孜不倦地沉迷在这些书中。每至三更半夜,汤显祖的房里都会传出响亮的读书声。家院(男仆)对汤显祖用功读书的事不理解,便笑着问主人:"主人啊,你已经是学问很深的老博士了,为什么还这样发奋读书呢?"汤显祖回答道:"我读我喜欢的书,与博士不博士无关。"邹迪光记述的这两个故事不但是汤显祖爱读书的生动写照,而且深刻地说明了汤显祖读书的目的,他是在坚持不懈地读书,广泛而丰富地读书,以期望像书虫一样化蛹成蝶,在知识的天堂振翅飞翔。

汤显祖爱读书,读圣贤书,是立身之本,能树立正直的封建士大夫形象;

读"非圣"书，是塑身之道，能形成进步的人文主义思想。汤显祖爱藏书、爱读书的家风值得我们好好学习。

坚辞不受官

汤秀琦(1625—1699)，字小岑，号弓庵，为汤显祖弟弟汤寅祖之长孙。崇祯十八年(1644)补弟子员，同年就试乡闱，以文格过奇，置之副车。当时汤秀琦才19岁，名声已传遍天下。汤秀琦性情刚介，淡泊名利。清顺治三年(1646)他被列为副贡，授鄱阳县教谕，后辞官归乡。顺治九年(1652)，因不堪社会之乱，隐居于人迹罕至的汝西庄，重新获得读书的地方。督学亲至抚郡召唤他入仕，汤秀琦因淡于名利而不赴。康熙十三年(1674)，汤秀琦又将家搬至"东阳"（据考，现为临川区唱凯镇东阳王家村），隐居于碧涧绕堂的乡村。康熙十七年(1678)，汤秀琦以岁贡赴京庭试，为避免三督学推荐而避居于廷试主考官、大学士李蔚的家中。因其品学刚介、博学鸿儒而名震京师，王公巨卿无不以交结临川汤子为荣。然京师风色虽雅，汤秀琦却不为其所动，各省督学上门劝说其入门，都坚辞不受，又返归乡村，隐于"东阳"著书立说。直至康熙三十二年(1693)，68岁的汤秀琦才应督学之邀，就任江西鄱阳县教谕，督、郡、邑诸级官僚迎接汤秀琦时都甚是恭敬，曰："临川夫子再现矣。"鄱阳县官民听说后倾城而出迎接他，以争睹"临川夫子"为快事。汤秀琦到任后，力革学中旧弊，使鄱阳诸校焕然一新。康熙三十八年(1699)，汤秀琦自知命数已尽，辞仕回籍，游于林泉。学宪王孝斋赞其曰："科名不过一时之荣，而汤子创千年不朽之业矣。"汤秀琦通典籍，善诗赋，文字清丽，有祖风，先后著有《读易近解》《春秋志》《碧涧诗草》《读诗略例》《简书便蒙》《论孟聚辩》等10余种书。其中《春秋志》《读易近解》被收入《四库全书》。

人文地理

方位
临川区，为江西省抚州市辖区，位于江西省东部、抚河中游，东邻金溪、东乡，西倚崇仁、丰城，南濒南城、宜黄，北毗进贤。

交通
临川区位优越，交通便捷。距省会南昌 80 千米，距昌北机场 128 千米。316 国道、320 国道、福银高速、抚吉高速、东昌高速和昌厦公路穿境而过；鹰厦、浙赣以及向莆铁路纵贯南北，抚乐铁路直达乐安江边村。

历史
隋朝，开皇九年（589），总管杨武通奉使安抚，废临川、巴山两郡置抚州（取安抚之意），抚州之名始于此。后将西丰、定川两县并入临汝县，改称临川县。

名人
著名人物有宋代的晏殊、晏几道父子，王安石，元朝地理学家朱思本，明代戏曲家、文学家汤显祖等。

风景
区内主要旅游景点有抚州名人雕塑园、王安石纪念馆、汤显祖纪念馆、汝水森林公园、金山寺、天主教堂、人民公园汤显祖墓、温泉度假村、正觉寺、灵谷峰、拟岘台、梦湖等。

主变开新

抚州王安石家族

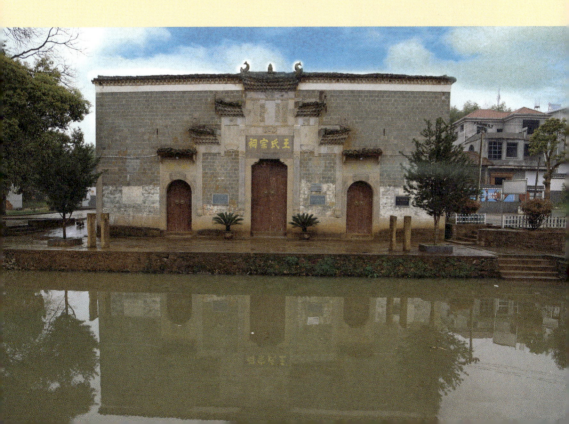

王安石

（1021—1086），北宋著名政治家、思想家、文学家、改革家，"唐宋八大家"之一。字介甫，号半山，谥"文"，封"荆国公"，世人又称"王荆公"。抚州临川（今江西省抚州市临川区邓家巷）人。庆历年间进士，初知鄞县（今宁波市鄞州区），后入朝擢拔为参知政事，两度拜相，推行新法。传世文集有《临川先生文集》《临川集拾遗》等。其诗文各体兼擅，词虽不多，但质量很高，著有名作《桂枝香》等。

王安石所在的抚州临川王氏家族是一个书香世家，从王安石祖父辈到他儿子辈，4代人69年间，登进士者8人。其祖父王用之曾任卫尉寺丞，叔祖王贯之是咸平三年（1000）进士；父亲王益于大中祥符八年（1015）登进士，后于南北各地做了几任州县官。王安石同辈兄弟7人有5人得登进士，其长子王雱于治平四年（1067）登进士。

在中国古代严苛的科举制度下，王氏家族4代人69年间却能做得一门八进士，这是何等的辉煌荣耀！这样的辉煌背后必定有着不同寻常的家训家风作为支撑。

《荆公家训》是王氏家族家训的重要组成部分，这一家训条文不多，但内容较为丰富，且特色鲜明，尤其突出"敬贤能""彰公道""正风规"。

关于"敬贤能"，家训强调凡是家族中有考中进士的，都要予以庆贺、奖励。关于"彰公道"，家训规定族人要宣扬公正，凡是谨守本分却有冤屈难以申诉的人、有文弱而被欺负的人，众人应合力为他申冤雪耻。关于"正风规"，家训强调族人应重视家族祭祀，不可数典忘祖。

王氏家族另一部《王氏家规》，由其家族后人猴山道人认真整理而成。

《王氏家规》共23条，涉及生老病死、婚姻嫁娶、田土坟地、教养学习、子嗣承继等方面，内容翔实，特色鲜明，规范具体，凝聚了王安石家族及后世子孙的治家智慧和对家风家规的重视，是一份难得而又珍贵的族谱资料。《王氏家规》的整理、解读、增添、丰富了全国王安石家族族谱、宗谱的新内容、新谱种，对研究王安石的家世、家风、家训、家教等方面具有重要的学术价值。

家规家训

荆公家训

一、尊先祖：凡各支于宗祖坟墓，虽历世久远，子孙务宜清理，每年通众登山一祭。

二、重睦族：凡各支虽住居相隔，每年为首者轮流会拜一次，一族只许一二人，远者听之。

三、崇齿德：凡各支有寿跻期颐德行俱优者，合众公举申奖。

四、敬贤能：凡各支有名登两榜，通众举贺，乡贡二两，科甲四两，登任时倍答存众公用。

五、旌节孝：凡各支有实能事亲无间、从一守志者，合众公举申奖。

六、禁婚约：凡各支源即流除，既往不咎。自后仍有婚嫁者，通众举罚。

七、戒争讼：凡各支事有不平，先经本族解释，不听，各宗代为处分，毋经讦告以伤宗谊。

八、彰公道：凡各支有素守本分，亡为牵连冤抑难伸及柔懦为人欺凌者，合众出力代为申雪。

九、示奖劝：凡丁饼祭胙，生监一分；杂任二分；知县十分，举人照式；知府二十分，进士照式；道台三十分，翰林照式；职更有大而上者，随升倍加；空职无任者照依生监式。

十、正风规：凡支下有客外十载不归者，停止其胙，必须问清白。路近征其忘祖也，如其人在远方兼信音常寄并非流民浪子，远游无地当分别从宽，为官在任无庸词；若无任而仍流连忘返者，亦以忘祖论。

家族重要传承人物

■ **王益**（生卒年不详），大中祥符八年（1015）进士，历任建安主簿、临江军判官，知新淦、新繁县，天圣时以殿中丞知韶州，终官尚书都官员外郎，卒赠工部郎中，后以子贵追封楚国公，赠太师中书令。

■ **王安国**（1028—1074），字平甫，王安石之弟。熙宁初召试及第，任西京国子监教授，后历任崇文院校书、秘阁校理、著作郎、大理寺丞。屡以新法力谏，后遭诬陷。卒年47岁，有文集60卷。

■ **王安礼**（1034—1095），字和甫，王安石之弟。嘉祐六年（1061）进士，北宋政治家、诗人，历任著作佐郎、崇文院校书，知润州、湖州，后升知制诰，以翰林学士知开封府，拜中大夫、尚书右丞转左丞，终知太原府。王安礼为人刚直宽谅，以多次直谏闻名，后因得罪权贵而见黜不得重用。绍圣二年（1095）去世，赠右银青光禄大夫。著有《王魏公集》20卷。

家训家风故事

王安石下马拜荆条

抚州城外有一座山，名叫灵谷峰；峰顶有一座书院，名叫读书堂。少年王安石曾经在这座书院里读书3年。

王安石天资聪颖，听讲认真，成绩优异，得到老师的赏识。然而王安石小时候天性活泼，课余时间贪玩好动，时常令老师担忧、生气。

有一次，老师终于忍耐不住，折了一根荆条抽打王安石，训教说："我今天无奈动用教鞭，是为了让你牢牢记住为师的训导。一个天资聪颖的少年，更要努力读书,读各种各样的书,学习广博的知识,将来成为国家的栋梁之材。而当今国家如此贫困,正需要革新图强,为师年事已高,希望就寄托在你们身上啊!"从此以后,王安石立下大志、磨砺品行、博览群书、苦读精思,学问也突飞猛进。

不久后,青年王安石就考中了进士,为国效力。他回乡探亲,第一件事就是去拜谢少年时的老师。他来到灵谷峰下的一处岗坡上,翻身下马,整理好帽衫,然后缓步登山,表示对老师的尊敬。不料这位老师已经逝世。王安石心情悲痛,步履沉重地来到那株荆树前,耳畔响起老师当年训教的声音……王安石从往事中回过神来,折下一根荆条,插在老师当年站立的方位,然后肃然下跪,向荆条频频叩拜。

后来,"王安石下马拜荆条"的故事,便在抚州民间代代流传。乡民还在灵谷峰下的那个岗坡上建亭纪念。

自奉俭约

王安石一生简朴,终身好学,不以官爵为荣,超然富贵之外,无丝毫利己之欲。两次官居宰相高位,然淡泊的性格未曾改变。

有一次,儿媳妇的弟弟庞公子,不远千里来到京城拜见王安石。王安石热情地接待他,并邀请他到家中膳宿。这天,庞公子特意穿着华丽的衣服,从头到脚打扮得高贵文雅,乐滋滋地前往宰相家中。可直到正午,庞公子还坐在客厅喝着一杯清茶,其实他早已饿得肚子咕咕直叫,却不敢吭声。又过了好久,王安石才领着庞公子来到饭厅。只见饭桌上放着一瓶临川产的土烧酒,连一道像样的下酒菜也没有。庞公子不由得非常纳闷。王安石和庞公子对坐同饮,酒已喝过三杯,这时家人端上来两枚烧饼,再上一小碟卤肉放在中间,旁边放着青菜豆腐汤,紧接着就盛来两大碗米饭。庞公子本来平时就很骄横放纵,原以为到了宰相府做客,可以品尝山珍海味、美酒佳肴,眼看着这些粗菜淡饭,真是满腹牢骚,无处下筷。于是,他拿起一个烧饼,仅仅吃烧饼中间的那一点点饼芯子,剩下的烧饼就丢于桌上。王安石看见了,淡淡一笑,也不言语,连忙拿来剩下的烧饼自己吃掉。庞公子当即羞愧万分,慌忙退出。

后来,庞公子从姐姐那里得知,王安石身居相位多年,无论是亲朋好友,还是高贵客人,都是这样待以清茶淡饭。这也是人们传诵的宰相王安石自奉俭约的故事。

律己守廉

据说王安石晚年患有哮喘病,药方中有一味药是紫团山的人参,但此参很难找。有一个人正好有,就给王安石送去了几两,不料王安石坚决不要。有人劝他:"你的病没有这种药治不好,为治病考虑,又何必推辞呢?"王安石发起牛脾气来了:"我这辈子没有吃过'紫团参',不也活到了今天?我就不吃它,还能立刻死了?"他坚持"非吾所有,虽一毫而莫取",最终还是没有接受别人送的人参。

王安石最不爱占公家的便宜。他在江宁的时候,吴夫人借了一张公家的藤床,早就该还了,但吴夫人想留着用,仆人又不好意思对夫人说。王安石知道吴夫人最爱干净,有一天,他故意穿着脏衣服、赤着脚躺在藤床上。吴夫人因此而厌恶这张床,等王安石一起身,他就吩咐仆人把这张藤床抬走,送还公家。王安石高兴得在一旁偷偷直笑。王安石孝敬父母,生活简朴,公正廉洁,大家都非常敬佩他。

宰相退妾

在封建社会里,许多官僚、豪绅都有纳妾的习俗,而王安石却不纳妾,即便是身居高位,也从未考虑此事。

嘉祐七年(1062)的一天,王安石上完早朝回家,看见一位陌生的年轻妇女正坐在他的房中,他心里纳闷,就问:"你是干什么的?"

那女子答道:"夫人让我来服侍大人。"

王安石见她长得端庄秀丽,却满面愁容,又问:"你是谁家女子?为何来到这里?"

女子哭着说:"大人不要见怪,我就实说吧!我是有丈夫的,丈夫是朝廷的军官。官家派他到江南往东京运米,他运气不好,遇到大风浪,船被打翻了,米全沉到河底。朝廷要他赔,不赔就要杀头。我们把家产全部卖光了也不够赔啊!实在没办法,丈夫就把我卖了抵官家的债。可怜家里还有老人和孩子,叫他们怎么活呀!"

王安石听了,立即派人把这位妇人的丈夫找来,一问情况,果然不假。王安石让他们夫妻复合,不但那笔卖身的钱不要他们退还,还另外给他们一笔家用钱。

在抚州"王安石纪念馆"里,关于他的生平有这样的介绍:王安石是历史上唯一一位不坐轿子、不纳妾、死后无任何遗产的宰相。

宰相嫁女

王安石曾两次任相。尽管政务繁忙,王安石在处理家庭问题和生活琐事上,却是相当通达和果断的。他嫁女的故事,也在汴京城传为佳话。

王安石的小女儿聪明伶俐,知书达礼,能写很漂亮的诗词,王安石夫妻俩对她十分疼爱。女儿出嫁前,吴夫人就私下置办了许多嫁妆。为了把女儿的婚事办得排场体面,她还特别用一种非常名贵的彩锦,做了一顶精美华丽的床帐。吴夫人为女儿办嫁妆的事,也很快传遍汴京城。后来王安石知道了这件事,甚为恼火。他也不同夫人商量,立即叫人把锦帐送到开宝寺做菩萨的佛帐。女儿出嫁时,王安石一不请客摆酒席,二不收礼备嫁妆,就只简简单单地为女儿办了婚事。

人文地理

✛ 方位

临川区，为江西省抚州市辖区，位于江西省东部、抚河中游，东邻金溪、东乡，西倚崇仁、丰城，南濒南城、宜黄，北毗进贤。

✈ 交通

临川区位优越，交通便捷。距省会南昌80千米，距昌北机场128千米。316国道、320国道、福银高速、抚吉高速、东昌高速和昌厦公路穿境而过；鹰厦、浙赣以及向莆铁路纵贯南北，抚乐铁路直达乐安江边村。

⏳ 历史

隋朝，开皇九年（589），总管杨武通奉使安抚，废临川、巴山两郡置抚州（取安抚之意），抚州之名始于此。后将西丰、定川两县并入临汝县，改称临川县。

👤 名人

著名人物有宋代的晏殊、晏几道父子，北宋政治家王安石，元朝地理学家朱思本，明代戏剧家汤显祖等。

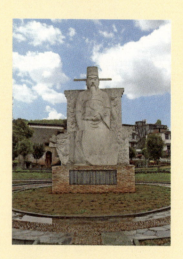

⛩ 风景

区内主要旅游景点有抚州名人雕塑园、王安石纪念馆、汤显祖纪念馆、汝水森林公园、金山寺、天主教堂、人民公园汤显祖墓、温泉度假村、正觉寺、灵谷峰、拟岘台、梦湖等。

千古一村

乐安流坑董氏家族

董敦逸

（1031—1101），字梦授，江西乐安县牛田流坑村人。宋仁宗嘉祐八年（1063）进士，历官穰阳知县、监察御史、湖北转运判官、左谏议大夫、户部侍郎，知临江军、兴国军。后奉命出使辽国，贺辽主生辰。辽主要求其行下臣之礼，董敦逸执意不屈，辽主恼怒，将其幽禁，并令其无灯夜读"皇陵碑"。他借助夜光诵熟，第二天倒背如流。辽主以为有神灵相助，不敢加害，反赐貂裘送他回国。董敦逸归国后，由于权臣参奏陷害，被黜还乡。

流坑建村时，正是江西文化形成、发展的重要时期。流坑村人在江西文化的滋润下，通过近千年耕读传家的生活与传统，形成、养育、发展了丰富多彩的流坑文化。农耕文化是流坑文化的基础，家族血缘文化、儒家礼教文化是流坑文化的主导，发达的书院文化、鼎盛的科举文化、繁荣的商贸文化和丰富的乡土文化是流坑文化的主要内容。流坑村人用自己的勤劳和智慧，不仅创造了诗书、绘画、雕刻、建筑等许多极为精美的上层雅文化，而且创造了傩文化、酒文化、饮食文化及寺庙灯会、龙舟竞渡、舞龙、纸扎、赛诗、武术、轻乐吹奏等内容丰富的民间文化。流坑村始属吉州的吉水县，后属抚州的乐安县，其文化既有吉州庐陵文化的传统，又受抚州临川文化的熏陶，兼备两州文化之长。江西古代的文化，尤其是宋、元、明、清四代，比较集中在吉、抚两州。而吉、抚两州的庐陵文化与临川文化，在流坑村有集中的体现。所以说流坑文化是江西文化中的一朵奇葩，是当之无愧的。

北宋初年，流坑董氏抓住了朝廷"右文抑武"之机，倾其资产，大兴学馆，广育人才，结果历代科甲鼎盛，名儒显宦迭出，使其由庶家而跻身官族，并得到迅速发展，走上了一条"以儒名家、科举兴族"的道路。宋代流坑有书院多座,到明代万历时有书院、学馆26所,清代道光时有28所,现在仍保存下来的文馆就是明代末期修建的大型书院。一方村落,竟有如此之多的书院、学馆,足见董氏对文化教育的重视。除书院建筑外,村中还有不少纪念性文化建筑,如状元楼、翰林楼、五桂坊遗址等。自宋以来,全村共出文、武状元各1名,进士34名,举人78名,上至参知政事、尚书、翰林、御史,下至知县、主簿、教谕,计100多人,还有两名御医和许多未入仕途的文人学士。

从南唐至今的一千多年中,流坑董氏一直单姓聚族而居,既为董氏宗族活动奠定了客观基础,又形成了传统宗族文化的牢固载体。今天,流坑村仍较为完整地向人们展示出农村封建宗族活动的遗存,如版本众多的宗族谱牒、遍布村巷的宗族祠堂、转型之中的宗族活动、丰富多彩的宗族文化。修家谱是流坑文化的一项重要内容,也是宗族组织建设和发展的重要标志。流坑董氏从南宋初年开始修谱,至明万历年间,先后经五修,成四谱,曰:"原谱""旧谱""新谱""重修新谱",后逐渐改为由各房派修房谱。至今,村中仍保存明万历族谱3本,各房谱牒20多个版本。各种谱牒保存完好,是研究流坑董氏宗族发生、发展的珍贵史料,特别是明万历族谱,不仅内容非常丰富,而且书写、雕版、纸张、印刷都属上乘,被专家誉为"文物藏品中的稀世珍品"。如果说修族谱只是从精神上训导族众"尊祖敬宗"的话,那么修建祠堂、参加祠堂中围绕祭祖而开展的各项宗族活动,则无疑可以使宗族成员普遍地、经常地、直接地、形象化地感受到宗族文化的精神。流坑村内宗庙祠堂星罗棋布,房房有祠,巷巷有祠,房巷对应;大宗祠、小宗祠、总祠、分祠、家庙,系统支派严整,源流谱系清晰。明万历年间,村内共有26座祠堂,到清道光年间增至120座,现在仍保存祠堂100座,这些祠堂成为流坑一项独特的人文景观。除撰修族谱、修建祠堂、祭祀祖宗外,流坑董氏还采取了强化族领、制定族规、增置族产,开展丰富多彩的宗族文化活动等许多措施,不断增强家族的向心力、凝聚力。

家规家训

董氏大宗祠祠规条约

董氏大宗祠立宗子有年矣。祠有攸行，皆奉宗法。后开十四条，皆宗法中事也。兹复申明，共图遵守。举族彦一百二十余人，分为六班，照条按月轮流管事。合登诸梓，并悬祠壁，用诏将来。有不遵者，管事族彦查照议罚。

遵圣训：每季仲月朔、望日，悬高皇帝圣谕与孔子圣像于祠，合族老幼及六班管事，咸集祠下。赞礼者先唱，排班行五拜三叩头礼，复行四拜礼。毕唱，分班团揖宣"孝顺父母，尊敬长上，和睦乡里，教训子孙，各安生理，毋作非为"六句。毕，又诵《大学》首章。毕，供茶。当班斯文，举经书一二条发明，次陈古人孝顺事实，为善阴骘一二段。又次陈各人身家口用修行何如，孝友何如，义利何如，伦理何如。虚心商订，务以德业相劝，过失相规为事，庶圣训彰而圣修密矣。

供赋役：有田出租，有丁往役，为下奉上之分也。董氏丁粮，俱有定册，照册承纳粮差，彼此响应，不劳而赋易举矣。近来不知图甲之置所以代己之劳，既无以恤之，反从而负之。我既负人，人亦负我。贻贻之祸，已有明征。夫以一人而纳一人之粮差，虽贫贱之家，取之而可给；以一人而贴十甲之粮差，虽富贵之家，承之而不足。人何从输纳之轻便，而非赡贻之重祸乎？自今以后，各图十甲约限俱完，共守画一之规，以图久安之治。如有诡粮躲差，延捱拖负者，事闻俱月班上，群力合攻。轻则究以宗法，重则惩以官法，以警将来。

崇礼教：先世以礼立教，冠婚祭葬，皆有旧章。行之虽不能尽者，然吾家传习人习，颇有条理。惟婚礼一节，宗法独严。不肖子孙，贪利忍耻，将男女约婚小姓，辱身以辱祖宗多矣！除已往不究外，自今以后，合照本祠所开乡中世姓，与凡清白守礼之家，贫富各自为婚。敢于开列之外，乖乱成法，照旧规罚银拾两，仍追谱黜族。其行聘之时，有只受金环书纸，不较聘仪者为上。其次捌两、拾两，又次拾伍陆两，多至二十两而止，段疋茶果随宜。及成亲时，资装丰约，折俎厚薄，亦只随宜，乃为中道。吾董既不责备于人，谅四方亲戚亦不责于我，庶几乎尚义之风兴也。倘有行聘而索礼太多，毕姻而责望太过，稍不如意，二家成隙，迁怒礼夫，情疏义绝，诚为恶俗，班上议拟定罚。又祭礼一节，近尚繁盛。虽是从厚，不免过中。自大宗祠时祭以至小宗各祭，杀牲大多浪费无益。合酌量多寡，享神散胙之外，稍有赢余，积为义仓，以时给散。庶神人并受其福，而贫富各适其用。祭仪等物，各照旧规。祭时序立，不许参差。宗子与分献官立内堂中。有一命之贵者，立分献官左右。监生、生员皆然。敦睦堂上，以昭穆为序，有混立越次者共斥罚之。又葬礼一节，丘墓远近不一，合各竖碑，以垂永久。间有远祖附葬者，公议出田附之。敢有私自盗葬，如律迁改议罚。间有恃强谋占弱宗风水，合力举迁重罚，以正薄俗。暴露不葬者，以不孝呈治。

敦俭朴:先世以俭朴起家,吉凶行礼,不致大费。初丧斋戒葬祭,称家有无。宾至探访,片纸通名。凡设席,一席五果五肴三汤,不加插,三人共之。宫室无雕绘,衣服无罗绮,饮食无异品,皆有古意。近来丧家设酒酣饮,宾至张宴,或数十汤数十插。请帖用大红,或一人一红帖。以是奉官府大宾,可也;以是待乡里亲族朋友,侈矣!至居室,则金碧雕绘,衣服则绮罗,饮食则异品,皆侈也!且为僭、逾。自今以后,合加节缩。丧礼禁散帛,奉宾饼果蔬菜外,不用花饼煎果等。虚居室衣服,一还于朴。共敦俭约,以复古道。江右本瘠土之民,吾宗尤人稠地窄,饶益甚难。苟不加节,何以为生?念之!念之!

广储蓄:本祠原有新旧祭田,仅供俎豆,合加充拓。原有三百八十四岭山地,皆久荒废,合加苗菜,取资以供祀费。先世有出祭田、祠基等项至十两者,皆入祀彰义堂。近来有乐助丁粮、基屋、田园、石狮者,寝门、神龛、铜香炉、花瓶、锡爵等物者,合亦议报。出仕者有分俸助祭,祭日合给胙问存问。有冠带生日不作酒浪费,愿出银助祠者,男婚女聘出银三五分告庙者,班上仍照旧查收。原有银谷科罚,俱要登簿入匣,明其出纳之数。《周礼》会计不嫌于繁,《大学》生财不厌于备,掌祠事者合各留心,毋视为末务乃可也。

息争竞:本族人繁,田土户婚不无争竞。若能虚心观理,持以谨让,则何事不息?迩来乃有倚恃富强,生事暴害。或一言激忿,亡身及亲。致以酒食相雄者有之,诋骂尊属者有之,动辄持凶互相殴拒者有之。一家起事,一房群起帮扶者有之。事因甲起,舍甲扯乙,概事凌害者有之。甚则小故厚诬,或捏造谤书,明投暗揭,以图中伤者有之。此皆蔑理贼义,终或杀身丧家,是国法所不容,祖宗之阴殛者也。可不惧哉?!可不戒哉?!今后族中有争竞者,许投逐月班上公处。是者直之,非者照条抽罚,不许紊烦官府。有凭势负气,不听中处,及捏词诬告者,族正、文会从公呈究,鸣其是非之实。近时中劝者,容有不量二家之贫富强弱,只以酒食之丰约为敬慢,遂令是非不白,徒尔弥费其间,殊为可鄙!自今各班,只令二家合银公费,计本班人数,一人一日,约费一二分。如十人,只一二钱为止,毋得浪费。即有作中不成,亦不许徇私唆帮,自同悔恶,违者重罚。

积阴德:夫阴德者,阴行善道而不使人知也。如日用行持,存好心,干好事。见人有善,若己出之,惟恐取之有不尽。虽取之不尽,亦称道之,不敢掩其善也。见人有恶,若己累之,惟恐改之有不尽。虽改之不尽,亦姑容之,不敢嫉其恶也。己之不欲,不敢施之于人;人之所欲,不敢夺之于己。救苦怜贫,厚施薄取。或人有水火盗贼之灾,因其危而救之,不利其有而取之。或贷借乡邻,不重其息而困之。即是患难相恤,疾病相扶持,皆阴德也。毋以此为小善而不为，苟积之又积，便是至善。故曰：不积善不足成名。近有一种反复险诈，变乱是非。大则使人成讼斗，小则使人费酒食，以至伤财破家，冥不知省者。又有一种私使口银，哄骗客商。诱引愚蒙，吞谋产业。或大秤小斗，或多取寡放，或飞洒诡寄，皆非阴德也。毋以此为小恶而不改，苟积之又积，便成大恶。故曰：不积恶不足以灭身。义利之间，舜跖之分，实在于此。从古圣贤，只在此处用功。尝稽吾先世，有能体此者，子孙皆昌；不能体此者，子孙皆亡。存亡之迹，历历有征；施报之验，昭昭不爽。可不戒哉！可不勉哉！

善贻谋：孟子曰：君子创业垂统为可继者，以其能积功累仁也。后世之习，则异于是。以买田筑室为创业之功，以扬威立势为垂统之仁。殊不知买田筑室者，或深垒算局骗之计，世俗以为功，君子以为大无功；扬威立势者，或成欺孤弱寡之风，世俗以为仁，君子以为甚不仁。上戕祖宗之脉络，下养子孙之祸胎。虽欲贻一时之谋且不可，况后世乎？顾吾党以古之君子为法，以今之恶俗为戒。不然，何万里长城仅传二世之业，一夫力穑乃启八百之祚？良由其贻谋之善不善耳。欲为子孙计者，盍亦以是为劝惩。

修武备：吾族自司徒公迁居流坑，世称乐土，而未尝有警。自藻公武试大魁，世有武烈，至今渐废，或亦作养之未尽欤？自今以始，合择子弟中有才智勇力者，教之习射。使步箭、马箭、论策三场闲（娴）熟，应期进取，以继先世之业。其次于每岁收成后，各房择子弟义勇者，公出力请教师，修戒器，习武艺，以为地方之防。迩者承平日久，闽广流寇长躯（驱）深入，如底（抵）无人之境，坐不知兵耳。今若使子弟知兵，大则卫国保民，小则宜家保族，又何患大盗之为害哉？中间或有小盗事发，班上随宜责罚，务令改过自新。又有子弟经年出外生理不归，或肆恶为非者，各房照十家牌法严查，峻其出入之防。若本房知而不举，事发与犯者同科。

勤职业：人生天地之间，未有不自食其力。故士民之业，各有所托以自给。舍是，则为蠹食游民，王法所必禁也。士以道德相先，故耕稼版筑鱼盐未尝废业，而亦未尝废作圣之功。故士为善士，民为良民，上下安而民志定。吾宗士民生而聪俊者，以读书业举为事；生而质鲁者，以稼穑版筑鱼盐为事。各求生理，不许游手坐食。其为胥、为隶、为牙侩、为倡优，有玷前人者，顽梗不悛，定行黜族。读书为生员者，或帮讼出入公门，有玷行止；游宦者或贪酷赃败，贻笑乡邦者，终身耻辱，不许入祠。

端蒙养：本祠外为楼，题曰"育贤"。横列五楹，左设东塾，右设西塾，各号房四楹，无非端养蒙之地也。每岁延文义优长者为举业之师，行谊端方者为童蒙之师。择族中子弟之聪俊者，群而教之。未成材，教之歌诗习礼，以养其性情；已成材，每季仲朔候考校三场，以验其进修。庶成人有德,小子有造矣。

宗正学:学以孔子为宗。孔子晚年,以《大学》传曾子曰:明德亲民止至善知止是入门,定静安虑事物先后是实地,致知格物是实功。修身立本,是致知格物实下手处也。明此而正心诚意,本立而德明矣。明此,齐家、治国、平天下,末治而民亲矣。明此而知本知至,明德亲民止至善矣。自天子以至庶人,一以是为宗,本末一贯,正学无余蕴矣。燧以此学讲员通、大成之问久矣,复申之于敦睦、道原、宗原三堂之上,期与宗彦共勖诸此。学明则十三规始着,董氏大宗祠尤大光矣。

禁邪巫:楚俗尚鬼,自古为然。妇女识见庸下,犹喜媚神徼福,不知人家之败,未有不由于此。盖鬼道胜,人道衰,理则然也。又况禁止师巫邪术,律有明条,敢故违耶?今后族中除禳火祈年、祷疾拔丧、费不甚重者,姑顺人情行之。此外如修炼超荐,颂经忏罪,咒咀等事,一切禁戒。僧道异流,无故不许至门。

禁仆佃:主仆良贱,分义昭然,岂容僭越!迩来风会潜移,为主者,或倚之为牙爪,任其凌轹亲族;为仆佃者,或听奸人鼓煽,敢于负租抗主,将为尾大不掉。终致首足倒持,非礼义之族所宜有也。吾宗仆佃颇多,各宜以礼禁谕,令其安分乐业为当。倘有越理生事,无礼于本宗,得罪于亲戚,及私相鼓煽,诬上罔下,如近日小约所为者,务须惩治,使之省改。毋得党护,以长乱阶,违者重罚。其有强奴悍仆,恣为跋扈,其主所不能制者,许首呈到祠,公同处治。

董氏大宗祠祠规后序

予董氏奉广川规训,以淑家族久矣。广川公曰:"正其谊不谋其利,明其道不计其功。"此规训之大者也,上接尧舜孔子之脉,下续周程陆邵之传,不外是矣,岂直淑家族焉已哉?嗣是至宋,列祖有以科名节义显者,有以文章道德著者。至于今八百年,而其泽未艾,皆道义训规启之也。昔文正公序董氏家乘,以立言、立功、立德期勉,岂无稽而云然欤?今世远而风韵虽存,然习久而规训寝弛,不有以纲维之可乎?兹幸大宗祠重新,乃重立祠规,以诏族众。然惧非其人法不行矣,于是会族长、宗子、族宦、儒生,议推族之贤而秀者为家族正副,凡若干人,所以正家族之不正者也。立训规十四条,大意以尊圣训、明圣学为主。中间能奉顺规约者,嘉其善;违者照例议罚,期归于正而后已。所载条约,非一家之私也。远仿近采,酌古准今,皆合人情而宜事变。然有取于新安汪氏族规为多,大要实不越广川道谊之规云。议者曰:以道谊为事,而不杂以功利之私,施之家族,亦小康尔矣。予曰:家难而天下易,由小康而大同,王道其有兴乎!幸毋忽之。

家族重要传承人物

■ **董德元**(1096—1163),字体仁,南宋"恩榜状元"。绍兴十八年(1148)中进士,殿试时皇帝欲点其为第一名,以有官之故,改为进士第二名,赐"恩例与大魁等",时称"恩榜状元"。历官秘书省正字、校书郎、监察御史、殿中侍御史、吏部侍郎。绍兴二十五年(1155),任参知政事,掌左仆射(副宰相)职权。

■ **董裕**(1537—1606),字惟益,号扩庵。为流坑董氏二十一世孙。明代大臣,历官御史,出按滇南,累迁大理少卿,以佥都御史提督郧阳,南工部侍郎、刑部尚书。年幼时沉默寡言,然过目能诵。他在招携卧龙书院念完《论语》《孟子》便到流坑板桥曾家读书。这里的塾师常讲文天祥的故事,董裕深受启迪,在招携花园石崖上刻下"立文公志,振大明纲"8个字,以明心志。董裕于明嘉靖四十四年(1565)中举,隆庆五年(1571)考中进士,任广东东莞县令。在其任内,他治政有方,合理安排赋敛,治狱公平,县内讼事不繁,盗贼大减,朝廷闻其贤能,提升为山东道御史。县民感其恩德,立生祠敬祀。万历五年(1577),董裕为陕西巡按。万历十九年(1591),再晋为大理寺少卿,署大廷尉。他公正明察,平息京中卫军因大臣有"减俸汰弱"之议所发生的哗变,名播朝野。万历二十年(1592),董裕任郧阳(今湖北郧阳区)知府。当时楚地发生饥荒,百姓饿殍遍野。他奏请拨国库银40万两、粮食20万石予以赈济,郧民大感其恩。万历三十三年(1605),董裕晋资善大夫、刑部尚书。他刚正不阿,不畏权势,为38人平反冤案,尤以惩处皇族楚宗、秦宗之罪,得民心。这年,董裕因年老体弱恳请辞官归里,万历帝特赐驿车送归家乡,朝士送至都门外。回乡后,他积极为流坑宗族和社区建设做了许多事情,诸如建宗祠、修族谱、规村落、兴乡约、崇心学等,他均不遗余力置身其中。回乡次年,董裕病逝于乡里,追封为"太子少保",赐敕葬,祀乡贤。

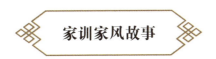

家训家风故事

董敦逸护民

董敦逸出身于书香门第,幼年丧父,家境日益贫穷,但他"穷且益坚,不坠青云之志"。少年发奋苦读,囊萤映雪,志存高远。家居河边,不少儿时朋友常邀他去河中钓鱼,董敦逸从来不去,特写诗以明志:"鱼虾钓得亦零星,徒费扁舟尽日横。正如卷纶垂大饵,只令沧海有长鲸。"其妻为永丰县坝口村富翁曾博古之女。岳父嫌其贫,但其妻贤,助夫苦读。他终于在宋仁宗嘉祐八年(1063)金榜题名。

董敦逸任连州司理参军后,被选擢为穰县(今河南邓州市)知县。当时穰县正准备调集民工修筑马渡港,并称可灌溉农田200顷。董敦逸到任后,随即亲自勘察,并调查民情,方知民众怨声四起。原来此项水利工程不但不能益民,反而有3600顷农田将被淹没。董敦逸了解到实情后及时上报,制止此项"面子工程",穰县百姓群到衙门谢其恩情。

不久,董敦逸又调知弋阳县。当时,开采宝丰铜矿的民工"多困于诱掠,有致死者",告状叫冤者甚多。董敦逸详细了解事情原委后,毅然将数百民工安置回家。此事为当地人民所称颂。百姓念其恩德,将他推举祀入弋阳县名官祠。

董裕廉洁勤政

董裕,出生于科宦世族流坑董氏的一个书香门第。董裕之父禹方(号龟川),通晓诗书,教授乡里,曾从聂豹、邹守益等名流讲学,并著有诗、文集,以学识德望被推荐为乡贤。这些对董裕的成长有所影响。

董裕在家族的影响下,自小便锐意于学,且立志高远。入县学后,从学于南城著名学者罗汝芳,深受知县郭谪和罗汝芳等人的赏识。在任东莞县令时,他因勤政廉明,仕绩显著,被地方长官交疏举荐,万历三年(1575)八月升为山东道御史。之后,董裕先后巡按陕西,任湖广道御史,代守滇南,又入掌河南道。在御史任上,董裕心系国计民生,弹劾不避权贵,正直敢为,多平冤狱,有"清白御史"和"再世包公"之誉。

董裕从任知县、御史到入大理寺、工部、刑部任职,均为实权之官,要贪实属易事,不贪确为难能可贵。董裕一直清廉自守,并能勤于政务,体恤民生。

董裕至东莞时,初入仕就矢志以清正廉明为己任,对海外商人赠送的"奇香异宝、明珠大贝之物,尽谢绝之,期不愧于冥冥之行"。东莞旧有牛、鸭税银,每年不下1500两,前任知县多纳入私囊,而董裕分毫不取,将之用于修缮城垣和学宫。

明万历八年(1580),董裕巡按云南。其地偏远,民族杂居,矛盾复杂,不但赋税负担沉重,而且每年还要向朝廷交纳黄金百两,民众实难承受。董裕上奏后当地得以免征。董裕还奏请留矿课银36万两,以供军饷。这一举措为安抚民心、维护边疆的稳定起了重要作用。

除了减轻民众负担,董裕还非常关心民众生产、生活条件的改善。处于云贵之间的盘江河,"江溢水毒淫,不可径渡",董裕为此极力倡议并主持在江上修建了石桥,使往昔两地民众"往来尽苦之"的天堑变成坦途,大大改善了两地的交通。

明万历二十年(1592),董裕巡按郧阳(今属湖北)。当时其地连年大灾,百姓饥饿困苦,逃荒之人日众,董裕除奏请发库银40万两、粮食20万石赈灾外,还带头捐官俸助赈,并妥善分派官员到属地计口分配,施粥赈饥于各道,"起沟壑展转之民以亿万计",大大减轻了大灾之后的恶劣后果和影响,充分体现了董裕体恤民生的情怀和清廉爱民的节操,故民众对他有"称清白御史,鲜如公者"的赞誉。

人文地理

方位

流坑村,位于乐安县牛田镇东南部,坐落在乐安县城西南方向38千米、赣江支流乌江之畔。

交通

可由抚州客运总站乘坐开往乐安的城际公交,再由乐安换乘去流坑的车。从乐安车站发往流坑的班车,上、下午各一趟。

历史

流坑于五代南唐升元年间(937—943)建村,始属吉州之庐陵县,后改属永丰县,南宋时割隶抚州之乐安县,至今已有一千多年的历史。

名人

流坑董氏的家世渊源,可上溯至西汉著名的大儒、广川人董仲舒。南宋"恩榜状元"董德元、宋仁宗嘉祐八年(1063)进士董敦逸、明代大臣董裕等,都是董氏家族的著名人物。

风景

流坑村是一座典型的"江右民系"古村,四周青山环抱,三面江水绕流,山川形胜,钟灵毓秀,被誉为"千古第一村"。其明清古建筑群被列入全国重点文物保护单位和全国首批历史文化名村。

理学名家

金溪陆九渊家族

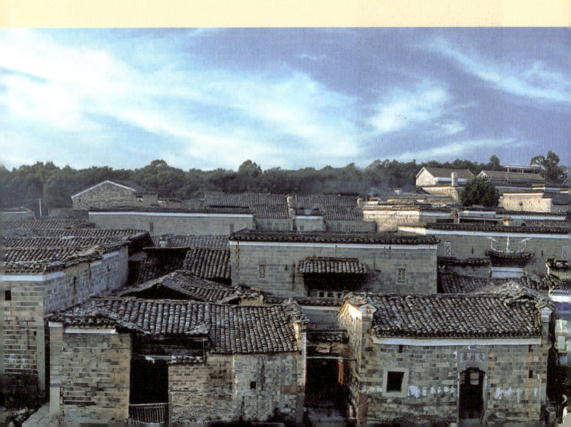

陆九渊

（1139—1193），南宋著名思想家、教育家，"心学"创始人。字子静，自号存斋。抚州金溪（今属江西）人。南宋乾道八年（1172）中进士，历任靖安县主簿、崇安主簿、台州崇道观主管、荆门军知军等职。提出"心即理"的命题，认为"宇宙便是吾心，吾心即是宇宙"。因讲学于象山书院（位于江西省贵溪市），人称为"象山先生"，学者常称"陆象山"。著作编为《象山先生全集》。

在宋代的金溪县生活着一个庞大的家族——陆氏家族，其家族名人众多，尤其以陆九渊著名。陆氏一族在南宋理宗淳祐二年（1242），受到朝廷的彰表，敕旌"陆氏义门"。

陆氏在金溪的发展过程中，特别是经陆贺父子的精心经营，形成了一套切实可行，且行之有效的家训家规，推动和保证了陆家的持续稳定发展，从而使陆氏人才辈出，名扬华夏。陆九渊的长兄陆九思精于治家，编撰《家问》，训诫子孙，朱熹为之题跋说："《家问》所以训饬其子孙者，不以不得科第为病，而深以不识礼义为忧。"可惜《家问》已散佚。又据包恢在《诏旌青田陆氏十世同居记》中载，陆氏族规有大纲和小纪两部分。他说："大纲则有正本制用，上下凡四条。其小纪则有家规，凡十八条。本末具举，大小无遗。虽下至鼓磬聚会之声，莫不各有品节，且为歌以寓警戒之机焉。"从包恢的记录中看，他说的《正本》和《制用》，应是陆九韶（陆九渊的四哥）的《居家正本》和《居家制用》，二者各有上下两条，共四条。令人遗憾的是，《家规》十八条已不见完整内容，仅见南宋罗大经在《鹤林玉露》所记载的部分内容。

陆贺（陆九渊的父亲）以居士自居，且重视学习典籍，亲于实践，明礼治家，他重振家声后，陆氏一族家风肃然，为世人所称道，扬名于金溪乃至抚州。陆九渊在《全州教授陆先生行状》一文中称其一生"究心典籍,见于躬行,酌先儒冠昏丧祭之礼行之家,家道之整,著闻州里"。陆贺生6子,即九思、九叙、九皋、九韶、九龄、九渊。6人中有3人列入《宋史·儒林传》,"梭山、复斋、象山,其最著者也",即陆九韶、陆九龄、陆九渊是陆氏一族中最著名的人物。

陆氏子孙对"陆氏之学"的传播与发展做出了很大的贡献。陆九渊的子侄中有9人从他学习,他们在一起探讨学问,而"往往有得",其家学在象山思想的传播中形成一道靓丽的风景线。同时也可看出,他们受到家风的影响,或志于学,传之以学;或为政有声,名留青史;或治家有方,一堂雍穆。

陆氏家族谨严的家规,不仅使陆氏家族聚族3000人、合爨200年,还使陆家人才辈出,光耀门楣。他们的德行,影响的不仅仅是陆家的一代又一代人,还影响了后世社会,给中华文化增光添彩,影响深远而深刻。

陆氏家族的居家之本,一是从小要读书,读书明理。依旧例,陆氏子孙一般8岁入学,学习基本知识,即学礼、乐、射、御、书、数;至15岁,则根据各自的情况进行选择。他们可以离开学校,从事农业、工业和商业等活动,但即便是从事商业活动也要在小学学习满7年。而他们中的学业优秀者则进入大学,继续深造,目标是成为"士"。陆家子孙在学校不仅仅是学习知识,更重要的是学习修身,从而懂得礼、义、廉、耻及孝、悌、忠、信,并把这些落实到自己的行动中。二是做人要以仁义为本,重仁义轻名利。虽然社会现实重名重利,但陆氏子孙不能如此,而应懂得"知愚贤不肖者本"与"贫富贵贱者末",明白行孝悌、本仁义则为贤为智,智者贤者才是人们所尊敬的人。而"慕爵位、贪财利"者,则不是智者贤者,为人们所鄙视。居陋巷之贫者,通晓义理,而人们不敢鄙视他。一个家庭(族)也是如此,重要的是长久安宁和睦,而家族长久安宁和睦的根本则在于行孝悌谦逊、重仁义轻名利。三是要重视农业生产。量入为出,丰时备歉时,要植五谷,要用度有准,丰俭得中,且要把田畴收成留存三分为水旱不测之备。四是要助贫济弱。要用有余来周济邻里贫弱、贤士贫困等,但毋以妄施僧道。五是居家当清心俭素，远奢侈之咎。居家过日子也有很多毛病，如好争讼、大兴土木、大吃大喝、游手好闲等，这些都是"破家之兆"。而一个长久安宁的家族应丰余之后给予他人周济，不失人情；应节约财用，以保证有盈余。用度没有一定的标准，丰俭没有一定的准则，即使家富，也必使家破。而家富者过于节俭，则必然积累别人的忿怨。因而要根据家里资财的丰寡而确定支出多少。"合用万钱者，用万钱不谓之侈；合用百钱者，用百钱不谓之吝，是取中可久之制也。"六是要孝亲敬祖，要保证长辈衣食无忧，使其欢欣，并按时按礼祭祀祖先。

家规家训

居家正本（上）

古者民生八岁，入小学，学礼、乐、射、御、书、数。至十五岁，则各因其材而归之四民。故为农、工、商、贾者，亦得入小学，七年而后就其业。其秀异者，入大学而为士，教之德行。凡小学、大学之所教，俱不在言语文字。故民皆有实行，而无诈伪。自井田废坏，民无所养，幼者无小学之教，长者无大学之师。有国者设科取士，其始也，投名自荐，其终也，糊名考校。礼义廉耻绝灭尽矣。学校之养士，非养之也，贼夫人之子也。父母之教子，非教之也，是驱而入争夺倾险之域也。愚谓人之爱子，但当教之以孝弟忠信。所读之书先须《六经》《论》《孟》，通晓大义，明父子、君臣、夫妇、昆弟、朋友之节，知正心、修身、齐家、治国、平天下之道。以事父母，以和兄弟，以睦族党，以交朋友，以接邻里，使不得罪于尊卑上下之际。次读史，以知历代兴衰，究观皇帝王霸，与秦汉以来为国者，规模措置之方。此皆非难事，功效逐日可见，惟患不为耳。

世之教子者，不知务此，惟教以科举之业，志在于荐举登科，难莫难于此者。试观一县之间，应举者几人，而与荐者有几。至于及第，尤其希罕。盖是有命焉，非偶然也。此孟子所谓求在外者，得之有命，是也。至于止欲通经知古今，修身为孝弟忠信之人，特恐人不为耳。此孟子所谓求则得之，求在我者也。此有何难，而人不为耶。

况既通经知古今，而欲应今之科举，亦无难者。若命应仕宦，必得之矣。而又道德仁义在我，以之事君临民，皆合义理，岂不荣哉！

居家正本（下）

人孰不爱家、爱子孙、爱身？然不克明爱之之道，故终焉适以损之。请试言其略：一家之事，贵于安宁和睦悠久也，其道在于孝弟谦逊，重仁义而轻名利。夫然后安宁和睦，可安而享也。今则不然，所谓逊让仁义之道，口未尝言之，朝夕之所从事者，名利也；寝食之所思者，名利也；相聚而讲究者，取名利之方也。言及于名利，则洋洋然有喜色；言及于孝弟仁义，则淡然无味而思卧。幸其时数之遇，则跃跃以喜；小有阻意，则躁闷若无所容矣。如其时数不偶，则朝夕忧煎，怨天尤人，至于父子相夷，兄弟叛散，良可悯也！岂非爱之适以损之乎？

夫谋利而遂者不百一，谋名而遂者不千一。今处世不能百年，而乃徼倖于不百一、不千一之事，岂不痴甚矣哉？就使遂志，临政不明仁义之道，亦何足为门户之光耶？愚深思熟虑之日久矣，而不敢出诸口。今老矣，恐一旦先朝露而灭，不及与乡曲父兄子弟语及于此，怀不满之意，于冥冥之中无益也。故辄冒言之，幸垂听而择焉。

夫事有本末，知愚贤不肖者本也，贫富贵贱者末也。得其本则末随，趋其末则本末俱废。此理之必然也。何谓得其本则末随？今行孝弟，本仁义则为贤为知，贤知之人，众所尊仰。虽箪瓢为奉，陋巷为居，己固有以自乐，而人不敢以贫贱而轻之，岂非得其本而末自随乎？夫慕爵位，贪财利，则非贤非知。非贤非知之人，人所鄙贱。虽纡青紫，怀金玉，其胸襟未必通晓义理，己无以自乐，而人亦莫不鄙贱之。岂非趋其末而本末俱废乎？

况贫富贵贱，自有定分。富贵未必得，则将陨获而无以自处矣。斯言往往招人怒骂，然愚谓或有信之者，其为益不细，虽怒骂有所不恤也。况相信者稍众，则贤才自此而盛，又非小补矣！

家规家训

居家制用（上）

　　古之为国者，冢宰制国用，必于岁之杪，五谷皆入，然后制国用。用地大小，视年之丰耗。三年耕，必有一年之食。九年耕，必有三年之食。以三十年之通制国用，虽有凶旱水溢，民无菜色。国既若是，家亦宜然。故凡家有田畴，足以瞻给者，亦当量入以为出，然后用度有准，丰俭得中，怨讟不生，子孙可守。

　　今以田畴所收，除租税及种畚粪治之外，所有若干，以十分均之，留三分为水旱不测之备；一分为祭祀之用，祭祀谓先祖中溜社稷之神；六分为十二月之用，闰月则分作十三月之用。取一月合用之数，约为三十分，日用其一。茶饭鱼肉、宾客酒浆、子孙纸笔、先生束脩、干事奴仆等，皆取诸其间。可余而不可尽用，至七分为得中。不及五分为啬。盖于所余太多，则家益富，不至僭侈无度，而入于罪戾矣。其所余者，别置簿收管，以为伏腊裘葛、修葺墙屋、医药、宾客、吊丧、问疾、时节馈送。又有余，则以周给邻族之贫弱者，贤士之困穷者，佃人之饥寒者，过往之无聊者。毋以妄施僧道。盖僧道本是蠹民，况今之僧道无不丰足。施之，适足以济其嗜欲，长其过恶，而费农夫血汗勤劳所得之物，未必不增吾冥罪，果何福之有哉？不但非福，且有冥罪，佞佛者可以悟矣。更有减奉养衣食、资给亲故之费，以施僧道者，其冥罪不更甚耶？

　　其田畴不多，日用不能有余，则一味节啬，裘葛取诸蚕绩，墙屋取诸畜养，杂种蔬果，皆以助用，不可侵过次日之物。一日侵过，无时可补，则便有破家之渐，当谨戒之！

　　其有田少而用广者，但当清心俭素，经营足食之路，于接待宾客、吊丧、问疾、时节馈送、聚会饮食之事，一切不讲。免致干求亲旧，以滋过失，责望故素，以生怨尤，负讳通借，以招耻辱。家居如此，方为称宜，而远奢侈之咎。积是成俗，岂惟一家不忧水旱天灾？虽一县、一郡、通天下皆无忧矣！其利岂不薄哉？

居家制用(下)

居家之病有七,曰笑,曰游,曰饮食,曰土木,曰争讼,曰玩好,曰惰慢。有一于此,皆能破家。其次贫薄而务周旋,丰余而尚鄙啬,事虽不同,其终之害,或无以异,但在迟速之间耳。夫丰余而不用者,疑若无害也,然己既丰余,则人望以周济。今乃恝然,则失人之情。既失人之情,则人不祐。人惟恐其无隙,苟有隙可乘,则争媒蘖之。虽其子孙,亦怀不满之意。一旦入手,若决堤破防矣。

前所言存留十之三者,为丰余之多者制也。苟所余不能三分,则存二分亦可。又不能二分,则存一分亦可。又不能一分,则宜撙节用度,以存赢余,然后家可长久。不然,一旦有意外之事,家必破矣。

记曰:丧用三年之仂。注谓仂,什一也。计今所存留三分之数,丧葬所费,其丰约之节,当以此为准。余谓人家婚礼,当视丧礼所费,则丰约亦似得中。其有贫者,岂复可立准则? 所谓敛手足形,还葬而无椁,人岂有非之者? 则婚礼亦宜俱无所费,所谓迨其谓之是矣。

前所谓一切不讲者,非绝其事也。谓不能以货财为礼耳。如吊丧,则以先往后罢为助。宾客,则樵苏供爨,清谈而已。至如奉亲,最急也,啜菽饮水,尽其欢,斯谓之孝;祭祀,最严也,蔬食菜羹,足以致其敬。凡事皆然,则人固不我责,而我亦何歉哉! 如此,则礼不废而财不匮矣。

前所言以六分为十二月之用,以一月合用之数约为三十分者,非谓必于其日用尽,但约见每月每日大概,其间用度自为赢缩,惟是不可先次侵过,恐难追补。宜先余而后用,以无贻鄙啬之讥。

世言皆谓用度,有何穷尽,盖是未尝立法,所以丰俭皆无准则。好丰者,妄用以破家;好俭者,多藏以致怨。无法可依,必至于此。愚今考古经国之制,为居家之法,随资产之多寡,制用度之丰俭。合用万钱者,用万钱不谓之侈;合用百钱者,用百钱不谓之吝,是取中可久之制也。

家族重要传承人物

■ **陆贺**（1086—1162），字道卿，先授承事郎，后赠宣教郎。一生致力于钻研儒释道经典，热衷于在家庭内实践儒家礼义，整肃家风家道，使陆氏以"儒门"称道于州县。晚年其子皆有名声，他遂与族党宾客，优游觞咏，从容琴弈，生活闲静。

■ **陆九思**（1115—1196），字子强，陆贺的长子。少时参加过乡试并中举，受封为从政郎。因父不理生计，弟弟又多，于是放弃举子业，总理家族内外事务。陆九渊出生之时，陆贺欲将其送人，但被陆九思阻拦，陆九思的夫人以乳将陆九渊养大。于是长兄嫂如父母，陆九渊也视之如父母。陆九思统管全家事务，后来他将丰富的治家经验总结成书，定名为《家问》，朱熹为之作序，并给

陆氏祠堂

予很高的评价。

■ **陆九叙**（1123—1172），字子仪，陆贺的次子。擅理财，在村里开了一家药店，赚钱补贴家用。他为人公正，在管理家事时，子弟仆人众多，他放心地让他们干活，少有稽查，人们也不忍心欺瞒他；与他做生意的，也不对他使奸诈，而是以诚相待，获得双赢。当他的兄弟求学时，他不顾自己的儿女衣衫破旧，而优先满足兄弟求学之需及兄弟嫂子生活所需。其妻偶有怨言，他总是当面正色制止。乡中贤达高其行，称他为"五九居士"。

■ **陆九皋**（1125—1191），字子昭，陆贺的第三个儿子。他是一位私塾先生，淳熙十一年（1184）授迪功郎，监潭州南岳庙，后为修职郎。他以教学为务，以其所得贴补家用，人称"庸斋先生"，学问品德俱佳。父亲去世后，他一方面抓家族的经济收入，协助长兄解决全族生计问题，另一方面也因教学之需而编写家塾教材。

■ **陆九韶**（1128—1205），字子美，陆贺的第四个儿子。他性情宽和凝重，少研经史，文行俱优，博学多才，隐居不仕，曾筑室讲学授理于家乡的前山。因其山形如梭子，自号"梭山老圃"，人称"梭山先生"。他治家严谨，以韵语编写训诫之词，并击鼓诵读。他认为，做人要行孝悌，除此之外无他途。对于义利，他认为，"义利易见，惟义中之利隐而难明"。他与朱熹互相敬爱，并有"无极之辩"。他效法朱熹建社仓，济助乡人。乡人甚是感激。著有《梭山文集》《州郡图》等。他编撰的《居家正本》及《居家制用》各两篇，为治家之要。在《居家正本》里，他以"道德仁义"为本，视"贫富贵贱"为末，"得其本则末随，趋其末则本末俱废"，认为要抓住"仁义"这个根本。在《居家制用》里，他认为，古之经国之制，也就是今天居家之法。他提出量入为出、用度有准、丰俭得中的原则。

■ **陆九龄**（1132—1180），字子寿，陆贺的第五个儿子。学者称"复斋先生"。少时聪明好学，稍长从兄讲学，得许忻器重，"尽以当代文献告之，自是九龄益大肆力于学，翻阅百家，昼夜不倦。悉通阴阳、星历、五行、卜筮之说。性周谨,不肯苟简涉猎"。入太学后,被汪应辰推举为学录。乾道五年(1169)登进士第,授迪功郎、湖南桂阳军军学教授,后改授兴国军军学教授,治邑之内皆有政声。淳熙七年(1180)调任全州州学教授,未及任便去世。陆九龄长期跟随父兄研讲理学,为学注重伦理道德的实践。朱熹赞其"德义风流夙所钦",吕祖谦称赞他"所志者大,所据者实"。他曾在家管理家政,治家有法,全家男女"以班各供其职,阖门之内严若朝廷而忠敬乐易,乡人化之,皆逊弟焉"。著有《复斋文集》。

家训家风故事

探索"宇宙观"的少年天才

南宋高宗绍兴九年(1139)农历二月,陆九渊生于青田村道义里。他自幼聪颖,并在良好的家教氛围下勤奋好学,喜欢思考。三四岁时,陆九渊向父亲提出"天地何所穷际"的问题,其父笑而不答。从此,陆九渊就一直苦苦思索这个哲学难题。13岁时,疑《有子》(有若)一章,得出"(孔)夫子之言简易,有子之言支离"的结论。后来他读书读到古籍中关于"宇宙"二字的解释时,觉得茅塞顿开,忽大省曰:"元来无穷。人与天地万物,皆在无穷之中也。"于是提笔写道:"宇宙便是吾心,吾心即是宇宙。"他三四岁时冥思苦想过的"天地何所穷际"这一疑问,通过10年的钻研,终于得出结论。

陆九渊关于天地、宇宙问题的探讨,是其心学思想的萌发过程,为其心学后来的发展奠定了基础。

陆九渊携家赴荆门

绍熙二年(1191),朝廷任命陆九渊为荆门知军的诏书到达了金溪。诏中令他疾速赴任,不得有误。他遵照朝廷的指令,迅速打理行装,准备独自前往荆门上任。而此时,有一位好心人提醒他说:荆门是次边之地,军事重镇,此时金人有南下入侵大宋之心,先生一定要谨慎小心。陆九渊一听,心中一咯噔,是啊,荆门是次边境,是打仗的第二道防线。于是他对这位朋友说:"依您看来,荆门是前线的后方,后方的前线啊。我不能一人单行,得带上家眷一同赴任,安抚人心,同仇敌忾。"朋友连忙说:"使不得,使不得,不安全啊。"陆九渊心意已定,很快就安顿好了家乡事务,把象山精舍交给学生傅子云管理,自己带着妻儿、侄子,一家六口赴荆门。经两个月的跋涉,陆九渊到达了任地,开始了"荆门之治"。

陆九渊在荆门任上时间虽短,但政绩与政声皆隆。至今为人称道的,有他的清正廉洁、秉公执法,还有他为了荆门的安全而修筑城墙一事。陆九渊千里迢迢从江西到了荆门,当时金兵南侵压境,荆门地处南宋边防前线,交通又达四方,南面是江陵,北面是襄阳,东面是随州、钟祥,西面是宜昌。荆门处于北面,只有巩固了北面,才是在敌人面前修了一道屏障。于是,他下决心修筑城墙。不到一个月,一条长达六七里,高达两丈的城墙就修好了,可谓神速。八百余年后,此城墙仍在。在荆州任职期间,有人告状,陆九渊亲自接见受理,断案多以调解为主。只有罪行严重、情节恶劣和屡劝不改的才依律惩治,所以当地的民事诉讼越来越少,次年来打官司的每月不过两三起。公余,陆九渊在蒙山东坡筑亭,宣讲理学,听众往往多达数百人。荆门原先闭塞的民风和鄙陋的习俗得到显著改善。左丞相周必大认为,荆门军治理成效显著,可作为各地的榜样。

绍熙四年(1193),陆九渊在荆门病逝。棺殓时,当地官员、百姓痛哭祭奠,街巷里都是吊唁的人群。出殡时,送葬者多达数千人。他去世后,谥为"文安"。为纪念陆九渊,后人将荆门蒙山改称"象山",还在荆门城西象山东麓当年陆九渊受理民事诉讼和讲学的象山书院遗址兴建了"陆文安公祠"(俗称"陆夫子祠"和"陆公祠")。

鹅湖之会

陆九渊兄弟与朱熹的鹅湖之会是中国哲学史上的一个重大事件。

淳熙二年(1175)六月的一天,位于铅山县的鹅湖寺人头攒动,好不热闹,这些人中既有来自各方的学子,也有周边的百姓。学子们是来这里进行辩论的,百姓是来瞧瞧这稀罕事的。这次鹅湖会有三支重要的队伍,一支是朱熹,一支是陆九渊,这两支都是辩手,还有一支是吕祖谦,是主持者。辩论的第一天,场面颇为热烈,双方唇枪舌剑,辩论从陆氏的诗开始。陆九渊有诗云:

> 墟墓兴衰宗庙钦,斯人千古不磨心。
>
> 涓流积至沧溟水,拳石崇成太华岑。
>
> 易简功夫终久大,支离事业竟浮沉。
>
> 欲知自下升高处,真伪先须辩只今。

大家就学问的"易简"和"支离"争论起来了,双方不相上下,不知不觉中一天就过去了。第二天、第三天、第四天又各有相关的议题。本次的相聚辩论,辩论的是认识论的问题。陆九渊门人朱亨道在《象山年谱》里说:"鹅湖讲道切诚当今盛事。伯恭(吕祖谦)盖虑陆与朱议论犹有异同,欲会归于一,而定其所适从……论及教人,元晦(朱熹)之意,欲令人泛观博览而后归之约,二陆之意欲先发明人之本心,而后使之博览。"朱熹强调"格物致知",认为"格物"就是穷尽事物之理,"致知"就是推致其知以至其极;并认为,"致知格物只是一事",是认识的两个方面。他还主张多读书,多观察事物,根据经验,加以分析、综合与归纳,然后得出结论。陆九渊认为"心即理",认为"格物"就是体认本心,主张"发明本心","心"明则事物的道理自然贯通,不必多读书,也不必忙于考察外界事物,所以要尊德性,养心性。三年之后,朱熹也和诗一首,诗云:

德义风流夙所钦，别离三载更关心。

偶扶藜杖出寒谷，又枉篮舆度远岑。

旧学商量加邃密，新知培养转深沉。

却愁说到无言处，不信人间有古今。

鹅湖之会之后，辩论的双方不断丰富各自学派的内容、完善各自学派的
不足，且双方均被称为"一代大家"。

鹅湖山下

人文地理

✜ 方位

金溪县,地处赣东中部,东与贵溪市、鹰潭市、资溪县交界,南和南城县接壤,西与抚州市相邻,北连东乡、余江两县。

✈ 交通

金溪县城有 206 和 316 两条国道交汇,抚吉高速延伸段(吉安—抚州—福建光泽—武夷山)、鹰瑞高速贯穿全境。

⧖ 历史

金溪历史悠久,于北宋淳化五年(994)建县。唐朝时这里就是江南名重一时的冶银重镇,至今仍留存银坑遗址和千年冶银碑文:"先有小陂窑,后有景德镇。"

名人

历史文化名人有南宋教育家、思想家陆九渊,元代著名的史学家危素,明代"医林状元"龚廷贤,清代著名学者蔡上翔。历史上金溪共出过 2 名状元、3 名榜眼和 242 名进士。

风景

景点有白马湖、陆象山墓、疏山寺、名荐天朝牌楼、南州高第牌楼、留云寺、白马峰。县内保存的宋元时期烧陶制瓷遗址多达 31 处。金溪宝山金银矿冶炼场大遗址是第七批全国重点文物保护单位。全县完好保存 11000 多栋明清古建筑等大量优秀的文化遗产。